AF472852

MINISTÈRE DE L'AGRICULTURE

DIRECTION DE L'HYDRAULIQUE ET DES AMÉLIORATIONS AGRICOLES

ÉTUDE
SUR
LA SOURCE DE FONTAINE-L'ÉVÊQUE
(VAR)

PAR

M. E.-A. MARTEL

PRÉSIDENT DE LA COMMISSION CENTRALE DE LA SOCIÉTÉ DE GÉOGRAPHIE
AUDITEUR AU CONSEIL SUPÉRIEUR D'HYGIÈNE, COLLABORATEUR DE LA CARTE GÉOLOGIQUE

EN COLLABORATION
AVEC

M. LE COUPPEY DE LA FOREST

INGÉNIEUR DES AMÉLIORATIONS AGRICOLES, AUDITEUR AU CONSEIL SUPÉRIEUR D'HYGIÈNE
COLLABORATEUR DE LA CARTE GÉOLOGIQUE

(Extrait des *Annales*. — Fascicule 33)

PARIS
IMPRIMERIE NATIONALE

1905

ÉTUDE
SUR LA SOURCE DE FONTAINE-L'ÉVÊQUE[1]
(VAR),

PAR

M. E.-A. MARTEL,

PRÉSIDENT DE LA COMMISSION CENTRALE DE LA SOCIÉTÉ DE GÉOGRAPHIE,
AUDITEUR AU CONSEIL SUPÉRIEUR D'HYGIÈNE, COLLABORATEUR DE LA CARTE GÉOLOGIQUE,

EN COLLABORATION

AVEC

M. LE COUPPEY DE LA FOREST,

INGÉNIEUR DES AMÉLIORATIONS AGRICOLES, AUDITEUR AU CONSEIL SUPÉRIEUR D'HYGIÈNE,
COLLABORATEUR DE LA CARTE GÉOLOGIQUE.

(Extrait des *Annales*. — Fascicule 33.)

Par décision du 22 mai 1905, et comme suite aux conclusions formulées par la huitième section du comité des études scientifiques, M. le Ministre a bien voulu me confier l'étude géologique, hydrologique et hygiénique de Fontaine-l'Evêque (Var), de son bassin d'alimentation et notamment des abîmes et pertes de ruisseaux des plans de Canjuers.

J'ai exécuté cette étude du 26 juillet au 15 août 1905 avec le concours de MM. Armand Janet, ancien ingénieur principal du génie maritime à Toulon, Max Le Couppey de la Forest, ingénieur des Améliorations agricoles, et Louis-Armand, du Rozier (Lozère), auxiliaire de la plupart de mes explorations personnelles depuis 1888.

Voici le rapport circonstancié relatif à ce travail, les observations variées que nous avons faites en commun, et les conclusions que je crois devoir en tirer au point de vue des projets d'utilisation de Fontaine-l'Evêque.

PROGRAMME DE L'ÉTUDE.

Conformément aux instructions de détail reçues de M. Dabat, directeur de l'Hydraulique et des Améliorations agricoles, quatre points principaux étaient à considérer :

1° Etude scientifique du régime souterrain des eaux alimentant Fontaine-l'Évêque;

2° Etude géologique des plateaux et vallées avoisinant la source, dans le but de rechercher la possibilité de créer, dans les cavités naturelles de ce terrain un immense réservoir intérieur;

[1] Étude approuvée par la 8ᵉ section.

3° Examen de la possibilité de capter la source à un niveau inférieur à celui de l'émergence, afin d'augmenter le débit d'étiage;

4° Étude des contaminations éventuelles auxquelles la source serait sujette et des moyens de remédier à ces contaminations.

Tel était le programme nettement défini auquel répondent mes conclusions d'ensemble.

Mais l'investigation sur le terrain comportait un plan quelque peu différent, que je suivrai pour l'exposé des observations, et qui subdivisera le présent rapport en six parties.

Plan des recherches. — 1° Examen de Fontaine-l'Évêque et des émergences secondaires de Sambuc-Garruby;

2° Examen des plateaux inférieurs : Baudinard, Bauduen, Majastre, rapprochés de l'émergence;

3° Examen des plans de Canjuers; exploration et recherche de leurs abîmes;

4° Recherche des pertes éventuelles subies au profit de Fontaine-l'Évêque par l'Artuby ou, au contraire, des drainages que ce cours d'eau peut exercer sur les abîmes;

5° Mêmes recherches pour le Verdon;

6° Résultats obtenus; conclusions générales; mesures à prendre et travaux à effectuer.

Il serait beaucoup moins clair de suivre l'ordre chronologique même des recherches. La carte ci-jointe au 1/100,000ᵉ est la réduction de la carte au 80,000ᵉ, gracieusement autorisée par le Service géographique de l'armée [1].

Un précieux beau temps, à trois orages près, nous a évité absolument tout chômage pendant trois semaines consécutives; il nous a permis notamment d'explorer une quinzaine d'abîmes et d'en reconnaître une quinzaine d'autres, au lieu des deux seulement qui étaient publiquement connus, et aussi de mener à bonne fin la difficile et très périlleuse descente du Grand Cañon du Verdon, qui n'avait encore jamais été accomplie d'un bout à l'autre.

PREMIÈRE PARTIE.

EXAMEN DE FONTAINE-L'ÉVÊQUE ET DES ÉMERGENCES SECONDAIRES DE GARRUBY, SAMBUC, ETC.

La fontaine de Sorps ou Fontaine-l'Évêque est située à la limite des départements du Var et des Basses-Alpes, dans le bassin de la Durance, à cinq cents mètres de la rive gauche du Verdon; elle jaillit brusquement du sol, à l'angle Nord-Ouest des plateaux calcaires de Bauduen et des plans de Canjuers.

Cette source de Sorps (du latin *surgere*), appelée Fontaine-l'Évêque depuis qu'en 1634 Mgr d'Attichy, évêque de Riez, s'y fit construire une belle résidence dont il ne subsiste presque rien, n'est pas «la plus importante de France par son débit à la source même» [2]. Car Vaucluse la surpasse de beaucoup, puisqu'elle varie en moyenne de 7 ou 8 à 70 ou 80 mètres cubes et que ses extrêmes connus sont 4 mètres cubes et demi et 150 mètres cubes par seconde; mais certainement Fontaine-l'Évêque demeure

(1) Voir la carte, page 66 *bis*.

(2) Louis de Bresc, *Excursion d'Aix à Fontaine-l'Évêque*, séance de l'Académie d'Aix, 11 mars 1881.

une des plus importantes. Les Romains y avaient eu une petite station sur la voie Aurélienne; une culée du pont antique se voit encore à l'entrée des Barres du Verdon aux gorges de Baudinard [1], et une tour soi-disant romaine domine Baudinard.

Problème de Fontaine-l'Évêque. — Il y a vingt-cinq ans que le problème de son utilisation préoccupe la majeure partie de la Provence et même les pouvoirs publics français; il est aussi facile à poser que difficile à résoudre.

Fig. 1. — Fontaine-l'Évêque en hautes eaux (mai 1902).

En voici les éléments exacts :

Cette émergence, à l'altitude de 410 mètres [2], débite, selon les saisons, de 4 mètres cubes à 13 mètres cubes par seconde; on a relevé des extrêmes de 3 mètres cubes et demi au minimum et de 15 mètres cubes au maximum par seconde (fig. 1 et 2). Depuis longtemps, le Conseil général du Var et la ville de Marseille désirent la capter, tant pour l'alimentation en eau potable de certaines villes, telles que Marseille, Toulon, Draguignan, que pour l'irrigation des cultures. Et le département du Var a même passé avec le propriétaire M. de Gassier, moyennant 800,000 francs, une promesse de vente de l'émergence et du moulin qui en dépend : le projet, extrêmement séduisant, en présence d'une pareille masse d'eau, si fraîche (12°8) et si

[1] On nomme Barres, en cette région, les falaises à pic qui encaissent des gorges étroites. Le Verdon traverse quatre de ces gorges : 1° entre les ponts de Carejuan et de Tusset; 2° le Grand Cañon, de Rougon à Aiguines; 3° les gorges de Baudinard, de Sorps à Quinson; 4° celles de Quinson à Esparron, que suit le canal d'Aix.

[2] Exactement 410 m. 30 d'après le plan au 1/1250 du dossier officiel, et par rapport au repère du parapet du pont de Fontaine-l'Évêque, à 408 mètres, d'après M. Otto, géomètre. On trouve ailleurs les cotes de 396 mètres (L. de Bresc), 408 m. 50 (rapport de M. Périer, ingénieur en chef des ponts et chaussées, à Draguignan, 1896), 412 mètres (premier document, carte au 80,000ᵉ, du dossier communiqué).

haut située, consisterait à dériver Fontaine-l'Évêque par un canal et par des ramifications, qui répartiraient 1,200 litres par seconde à Marseille, 1,000 litres à l'arrondissement de Toulon, 1,000 litres à celui de Brignoles et 800 à celui de Draguignan. Deux obstacles, de nature bien différente, se manifestent contre la mise à exécution. L'un est le respect des droits acquis par les usagers d'aval du Verdon. L'autre concerne la qualité hygiénique de l'eau.

Fig. 2. — Fontaine-l'Évêque à l'étiage (août 1905).

Premier obstacle à la dérivation de Fontaine-l'Évêque. Canal du Verdon. — En ce qui touche les usagers du Verdon et spécialement la ville d'Aix, concessionnaire, suivant décret du 20 mai 1863, du canal du Verdon, commençant à Quinson et construit de 1863 à 1875, cette concession peut atteindre[1] à 6 mètres cubes par seconde, et celles des autres usagers à 2 mètres cubes. Or, de 1858 à 1894, il est arrivé seize fois que le débit du Verdon, à l'aval de Fontaine-l'Évêque, soit descendu au-dessous de ces 8 mètres cubes.

En été, il est fréquemment de 10 mètres cubes seulement; d'où il suit que l'appoint de Fontaine-l'Evêque, qui, dans ces cas, est également réduit à son minimum, lui est indispensable pour faire face aux droits concédés; de telle sorte que le Var et Marseille ne sauraient dériver la source, sans assurer aux concessionnaires d'aval le volume d'eau qui leur appartient. Ce conflit d'intérêts, résultant de l'article 643 modifié du Code civil, a été soulevé surtout par la ville d'Aix, et publiquement mis en lumière et discuté devant le Sénat lui-même (séances des 18 mai et 3 juillet 1899, MM. Guérin, Leydet, Méric et MM. les Ministres de l'Agriculture Viger et J. Dupuy). Et il est mainte-

[1] En fait elle ne dépasse pas 3 mètres, par suite d'une erreur de formule (Prony au lieu de Bazin dans le calcul de la section de la cuvette; M. Leydet, Sénat, 3 juillet 1899. *Journal officiel* du 4 juillet, page 828); mais on est tenu de faire état des 6 mètres, éventuellement toujours exigibles.

nant reconnu que, pour dériver 4 mètres cubes à Fontaine-l'Evêque, le nouveau projet devra, au préalable, constituer une réserve permanente d'eau, assez considérable pour permettre de prévenir, lors des plus grandes sécheresses, le chômage des concessions du Verdon à l'aval de l'émergence.

Le but serait complètement atteint si l'on pouvait artificiellement parvenir à un écoulement régulier de 8 mètres cubes par seconde; 4 permanents pour le département du Var et Marseille et 4 de perpétuelle disponibilité pour le Verdon et ses concessionnaires. Tel est, quant au volume d'eau, le problème en litige.

Fig. 3. — Le Verdon vu du pont de Garruby.

Quatre solutions proposées. — Quatre solutions ont été proposées pour le résoudre :

a. Transformer le lac d'Allos (Basses-Alpes) en un réservoir de 30 à 45 millions de mètres cubes qui, le cas échéant, pourrait servir les 4 mètres cubes par seconde pendant trois à quatre mois, durée que n'ont pas atteinte jusqu'à présent les plus bas étiages connus. (Les plus longues pénuries n'ont jamais dépassé soixante à soixante-dix jours, de fin juillet à fin septembre.)

b. Créer, dans le même but et au moyen de barrages, des lacs artificiels dans les gorges du Verdon, à Aiguines ou à Carejuan;

c. Capter Fontaine-l'Evêque à un niveau inférieur à celui de sa sortie, pour augmenter le débit d'étiage, en utilisant le vaste et profond réservoir souterrain naturel dont on supposait l'existence;

d. Relever au contraire le niveau moyen des eaux souterraines, retarder leurs forts échappements, par un *serrement* ou rétrécissement de l'orifice d'émergence, c'est-à-dire régulariser ainsi le débit, en diminuant l'écart des extrêmes, telles sont les voies de solution à examiner.

Je dis tout de suite que la quatrième, si hardie qu'elle apparaisse au premier abord, non seulement ne me semble pas impraticable, mais encore se montrerait sans doute la plus efficace. Nous l'examinerons plus loin.

2e *Obstacle. Contamination éventuelle des eaux.* — L'autre obstacle à la dérivation de Fontaine-l'Évêque est d'ordre purement hygiénique. Il provient de la suspicion générale, au point de vue de la teneur en microbes, dont sont maintenant l'objet les grandes venues d'eau, les puissants jaillissements des terrains calcaires fissurés.

Or Fontaine-l'Évêque constitue, au premier chef, une émergence de cette catégorie. C'est une vraie rivière qui sort de terre. Depuis longtemps on suppose qu'elle est formée par la concentration des pluies engouffrées dans les abîmes et fissures des plateaux dits *Plans de Canjuers;* les études antérieures, soit privées, soit effectuées par les soins du service hydraulique, avaient fait penser que les pertes de l'Artuby, du Verdon et du Jabron y contribuaient dans une certaine mesure : nous l'avons en effet reconnu, ainsi que le démontrera la suite de notre rapport.

Nous avons très spécialement étudié ce côté hygiénique de la question et nous avons acquis la conviction que, par suite de multiples circonstances et notamment du très petit nombre d'habitants de son bassin alimentaire, les eaux de Fontaine-l'Évêque sont, exceptionnellement, au point de vue de l'hygiène publique, dans de bien meilleures conditions que la plupart des sources analogues.

Nos observations à Fontaine-l'Évêque. Température : nécessité d'étudier ses variations probables. Absence de réservoir profond. — La température des sources des terrains fissurés nécessite des observations spéciales : les 28 juillet et 7 août 1905, par un faible débit de 5 mètres cubes par seconde, celle de Fontaine-l'Évêque a été trouvée de 12° 8, sans différence aux deux dates; mais il y aura lieu de recueillir, comme la Commission météorologique de Vaucluse l'a spécialement fait pour la fontaine de Vaucluse depuis 1873, des données précises sur les variations thermométriques possibles de l'émergence. Ces variations, si on les constate, sont susceptibles de fournir des renseignements certainement pas absolus, mais utilement indicateurs, sur l'origine probable et par suite sur les risques de contamination de l'eau des émergences [1].

Mais dès maintenant, et à ce propos, je puis donner trois preuves de la non-existence d'un réservoir profond :

1° Un si ample bassin assurant à l'eau un plus long séjour dans *les profondeurs du sol* lui procurerait, par l'effet de la géothermique, une température certainement supérieure à 12° 8. Deux des émergences *jaillissantes* de Garruby ont 14° 5, à 421 mètres d'altitude. Et puisque l'eau de Fontaine-l'Évêque sort de terre avec plus de fraîcheur, c'est qu'elle n'y séjourne *pas assez bas*, pour s'y réchauffer au sein d'un sol profond.

2° Les troubles jaunâtres ou rougeâtres qui affectent parfois Fontaine-l'Evêque, après les grands orages sur les plateaux et même dans la région de l'Artuby, n'existeraient pas s'il y avait un vaste bassin, où la décantation se produirait forcément comme dans tout grand réservoir. D'ailleurs, ces troubles sont moins que rares, établis par tous les témoignages et reconnus par l'étude du régime : «Fontaine-l'Évêque et Garruby deviennent quelquefois rouges et se clarifient rapidement»;

[1] J'ai explicitement rappelé de quelle manière, dans une note récente à l'Académie des sciences (27 février 1905).

3° Enfin l'absence de grand réservoir profond est irréfutablement établie par l'expérience de coloration à la fluorescéine effectuée à la perte de l'Artuby : la rapidité de la réapparition de la coloration à Fontaine-l'Evêque dément formellement la possibilité d'un puissant amas d'eau interne au voisinage de l'émergence. Elle explique aussi de la plus satisfaisante et imprévue façon pourquoi les troubles, grâce à la rapidité du courant interne (241 mètres à l'heure), se clarifient si rapidement (V° 2°).

Impénétrabilité de la Fontaine. — Le plus minutieux examen de l'orifice d'échappement des eaux s'est refusé à rien nous apprendre; un vide de quelques centimètres existe entre la fissure principale de sortie et le bouillonnement liquide; mais on ne peut pas voir, à cause d'un coude de la roche, s'il se prolonge en s'élargissant, ou si au contraire il se rétrécit jusqu'à la voûte mouillante, formant paroi de vase communicant. M. Janet, plongeur émérite, qui a jadis forcé *sous l'eau* dans l'Embut de Caussols[1] (Alpes-Maritimes) une cloison de roche ainsi immergée, voulait tenter la pénétration à la nage; je m'y suis opposé à cause de la violence du courant, qui faisait flotter le thermomètre à la surface même, et qui eût certainement provoqué un accident. Je considère, même aux basses eaux, la pénétration de Fontaine-l'Évêque comme impossible. C'est aussi l'avis du meunier qui n'a jamais vu de trou *entrable.* Je suis donc réduit à des conjectures sur ce qui doit se passer derrière la peu complaisante paroi de rocher.

Quatre formes possibles du débouché des eaux. — Les quatre hypothèses suivantes sont également vraisemblables :

1° Ou bien une forte remontée siphonnante, par branche ascendante de vase communicant pouvant atteindre un ou plusieurs décamètres, comme celles qui ont été matériellement constatées[2] par des scaphandriers à Vaucluse (plongeur Ottonelli, descendu à 23 mètres le 27 mars 1878 sous la direction de M. Bouvier, et à l'Orbe, près Vallorbe, Suisse, plongeur Pfund, descendu à 11 mètres le 20 octobre 1893 par les soins du professeur Forel);

2° Ou bien la conduite forcée étroite, immédiatement derrière l'émergence et à peu près au même niveau qu'elle;

3° Ou bien la large conduite libre ou le bassin de modérée dimension, sous une voûte tout de suite relevée;

4° Ou bien l'un ou l'autre des cas 2° et 3°, mais pas immédiat et seulement après siphonnement peu accentué (de quelques mètres ou décimètres) sous une épaisseur de roche plongeante, plus ou moins étendue comme à Rémouchamps (Belgique), Wookey Hole (Riv. Axe, Somerset, Angleterre), Marble Arch (Irlande), Sauve (Gard), etc.

La force d'échappement de l'eau ne peut être invoquée comme indice de quoi que ce soit. Elle sera due aussi bien à la remontée sous pression hydrostatique qu'à la brusque issue d'une conduite forcée ou même à une petite chute par dessus un seuil rocheux.

Il n'y a qu'un moyen de savoir (et cela est absolument nécessaire, d'ailleurs, avant

[1] Voir *Mémoires de la Société de spéléologie*, n° 17.

[2] Certaines grottes accessibles, anciens siphons réduits à l'état de trop-pleins temporaires lors des crues souterraines, donnent des exemples de remontées d'eau considérables : 50 mètres à l'Oule (Lot), 60 mètres au Sergent (Hérault), 90 mètres à Bournillonne (Isère), 110 mètres à la Luire (Drôme), etc.

de dresser aucun projet définitif de captage et dérivation) comment se comporte, à proximité de l'émergence, l'artère aquifère qui l'alimente : c'est d'effectuer des travaux de recherche pour la découvrir, pour la mettre à nu, afin de bien définir l'exacte nature des procédés techniques à employer pour la régulariser, pour se rendre à volonté maître de son débit.

Recherches à effectuer pour préciser le mode de sortie des eaux. — A. *Abaissement du seuil au dehors.* — Dans le doute où nous sommes en fait, faute d'accès naturel à cette artère par l'orifice pénétrable de quelque trop-plein avoisinant (comme celui qui a révélé à G. Gaupillat, par exemple en 1892, tout le delta intérieur de Salles-la-Source, Aveyron), on pourrait hésiter entre les deux modes de recherches préliminaires que voici :

A. Le premier consisterait à abaisser le seuil même de l'émergence pour tenter d'y pénétrer directement aux cas (3° et 4° ci-dessus) où l'on rencontrerait la conduite libre immédiate (comme à Rémouchamps) ou le siphonnement très réduit. Pour cela, il faudrait enlever à la mine et déblayer l'amas de rochers amoncelé dès la sortie de l'eau dans le lit du torrent même : je ne serais nullement surpris que cet obstacle fût, en partie, artificiel, grossière digue construite on ne sait quand, pour relever le niveau de l'eau, afin d'alimenter le béal (410 à 409 mètres d'altitude) qui fournit la chute au moulin (et qui recueille les sous-émergences 2 à 6).

Mais il est également vraisemblable que cet encombrement de blocs soit le produit de l'écroulement de quelque voûte en auvent qui, jadis, recouvrait la sortie de l'eau; d'autant plus qu'une assise de pierre est demeurée en place au-dessus même de l'orifice actuel, et forme un vrai pont naturel, aisé à franchir et qui permet, le long d'un tronc de figuier, de descendre au niveau même du point d'émergence; cette strate évidée, mais non emportée, ressemble fort à maints témoins d'anciennes grottes en cul de four, aux plafonds ruinés sous l'effort des eaux. A Marble Arch (Irlande), j'ai trouvé exactement le même dispositif, mais sur une plus grande échelle. A Arch Cave, également en Irlande, il y a pareil état de choses, mais avec une sortie *actuelle* d'eau entièrement libre et conduisant à une série de siphons désamorcés, précédant un siphon amorcé.

Quoi qu'il en soit, en supprimant ce barrage, c'est-à-dire en débarrassant le courant externe de toute entrave entre l'émergence même et le pont du moulin, on arriverait *peut-être* à un abaissement de niveau de 2 à 4 mètres, et à la *libération* au moins partielle de l'orifice actuellement toujours bloqué par l'eau. Mais ce procédé est fort aléatoire et gros d'inconvénients. En effet, si la sortie de l'eau se réalise par remontée siphonnante notable (1er cas ci-dessus) ou seulement par conduite forcée étroite à seuil rocheux prolongé, on n'obtiendra aucun résultat. Il y a un précédent fâcheux dans une tentative de ce genre qui, à Goule Noire (vallée de la Bourne, Isère) n'a donné aucun succès appréciable : malgré l'abaissement du seuil au déversoir, on n'a pas pu réaliser le désarmorçage d'un siphon interne[1].

[1] Par contre le désamorçage *naturel* s'est opéré tout seul dans bien des cas, par perforation d'un déversoir inférieur, qui a rendu libre l'ancien débouché supérieur (devenu trop-plein des eaux); par exemple au Brudoux (Drôme), à Corp (Aveyron, vallée de la Dourbie), à Ingleborough (Yorkshire), etc. Il se pourrait même que ceci se fût aussi réalisé à Fontaine-l'Évêque, et que jadis le déversement se fût opéré par-dessus la barre rocheuse restée en place, et dont le dessous seul a été emporté lors de l'ouverture du déversoir actuel.

Ce qui est plus grave, dans l'éventualité où l'on se déciderait à abaisser le seuil, c'est que, en cas de réussite et de pénétration à l'intérieur, on aurait, en somme, élargi l'orifice de sortie et abaissé le plan d'eau : or, ce serait justement aller à l'encontre du travail, qui me paraît le plus avantageux à réaliser, c'est-à-dire du rétrécissement de l'orifice (ou plutôt de l'artère qui y débouche, quand on l'aura trouvée), par un *serrement,* ayant pour objet de relever le plan d'eau intérieur, le niveau piézométrique souterrain, et d'assurer une vidange plus lente aux eaux accumulées, par les saisons pluvieuses, dans toutes les fissures de la montagne, dans son *réseau aquifère général drainé par l'exutoire de Fontaine-l'Évêque,* réseau équivalent à un réservoir. Si bien qu'après avoir élargi et abaissé, il faudra rétrécir et relever. Est-ce bien logique? Il est certain que non.

B. *Tranchée de recherches en amont de l'émergence.* — Pour ma part, je ne cache point ma préférence envers le deuxième mode de recherches préparatoires de l'artère, qui me paraît applicable : il consisterait à faire, en amont même de l'émergence, entre 10 et 15 mètres en arrière, c'est-à-dire parallèlement à l'un ou l'autre bord de la route de Baudinard, une tranchée pour retrouver et recouper l'artère. Cette solution est ici singulièrement facilitée par l'absence de falaise et par la faible déclivité du terrain en arrière de la source; à Vaucluse, à la Loue, à la Touvre, et à la plupart des grandes émergences des calcaires, de hauts et immédiats escarpements empêcheraient de procéder ainsi; à Sorps, rien n'est plus facile, la route en question et les emplacements de tranchée n'étant pas même à 10 mètres au-dessus de l'émergence. C'est une circonstance *merveilleusement favorable,* destinée à compenser, je crois, la si fâcheuse absence de trop plein pénétrable.

Une telle tranchée, en effet, ne saurait manquer, selon moi, si elle est conduite en sagace corrélation avec le pendage et la fissuration des roches d'où émerge Fontaine-l'Évêque, et au prix de tâtonnements, inévitables en pareille matière, de tomber sur le canal souterrain naturel qui trouve ici sa brusque issue; et cela, quel que soit celui des quatre cas ci-dessus supposés qui se trouve en fait réalisé : pour le premier, c'est-à-dire pour la remontée siphonnante, il suffira de pousser la tranchée plus bas, et de se prémunir contre la force impulsive de l'eau, au moment où on l'atteindra; c'est la seule hypothèse qui présente des difficultés (certainement pas insurmontables), analogues à celles des forages artésiens, mais assurément à une profondeur très modérée. Quant au recoupement dans l'un des trois autres cas (conduite forcée, conduite libre ou bassin moyen, siphonnement réduit), il ne peut manquer d'être simple, puisque l'écoulement normal demeurera assuré par l'émergence elle-même, maintenue encore dans son état naturel. Il va sans dire que de simples *sondages* préliminaires devront être faits pour déterminer l'endroit précis sous lequel passe l'artère liquide.

Une fois l'artère ainsi trouvée, ce qui ne peut manquer d'arriver, j'en ai la conviction, on examinera, selon l'état dans lequel elle se révélera, quel moyen matériel de rétrécissement, de *serrement* devra être employé de préférence : si, par un hasard *fort probable,* on tombait sur la conduite libre ou le bassin en caverne, l'exploration souterraine s'imposerait pour rechercher le point le plus propice à l'établissement du serrement; sans doute cette investigation fournirait les plus utiles indications et conduirait à construire le dispositif de rétrécissement dans l'intérieur du sol, plutôt qu'à l'orifice même de l'émergence. Je reviendrai, d'ailleurs, dans mes conclusions d'ensemble, sur les objections et remarques que comporte le serrement, et je me borne ici à indiquer comment l'on peut faire pour rechercher la possibilité et les moyens de l'appliquer.

Nous avons encore des observations à faire et des déductions à tirer des dépendances, sous-émergences ou trop-pleins de Fontaine-l'Évêque.

Sous-émergences de Fontaine-l'Évêque. — La venue d'eau de Sorps, en effet, n'est pas comme Vaucluse ou la Loue, un déversoir unique, sans collatéraux, mais bien un débouché principal, avec des satellites, dont la disposition *extérieure* et le régime sont seuls connus actuellement : cela me suffit pour préjuger qu'il y a là, très probablement, une ramification en delta, dans le genre de celles que nous ont montrées, par exemple, les caractéristiques *pattes d'oie* du Boundoulaou et de Salles-la-Source (Aveyron), dont les secrets se sont laissé pénétrer, non sans peine d'ailleurs.

La répartition des sous-émergences que l'on rencontre sur la rive gauche du Verdon, en remontant vers les Salles, est absolument corrélative d'un analogue état de choses; et notre expérience à la fluorescéine en confirme avec éclat la probabilité. Leur étude nous a été singulièrement facilitée par le plan qu'a si soigneusement dressé (3 février 1898) M. Rocque, ingénieur ordinaire à Brignoles; des extraits un peu complétés en sont ici annexés pour raccourcir l'exposé de nos observations du 7 août 1905.

Les émergences secondaires les plus rapprochées de Fontaine-l'Évêque sont échelonnées (409 m. 11 à 408 m. 10) le long du béal, derrière le moulin (fig. 4); malgré la levée des vannes et le détail du plan, nous avons eu de la peine à bien les distinguer; peut-être d'autres sont-elles dissimulées tout à côté. Dans leur ensemble, on doit les considérer comme des *fuites* ou *saignées* de l'artère principale, sollicitées par l'appel du vide de la vallée, et pratiquées à travers les joints de stratification, et vers le Nord-Est, obliquement à cette vallée. Il est infiniment probable que le grand aqueduc naturel souterrain s'est logé, soit dans une cassure plus ou moins perpendiculaire au pendage, soit dans un joint spécialement agrandi (dans ce cas il tomberait selon le pendage et sans siphonnement). J'ai inscrit les deux hypothèses sur le plan de Sorps au 1,250ᵉ, en y disposant la tranchée de recherches à 45° sur chacune des deux directions, de façon qu'elle recoupe précisément l'un ou l'autre cas : il se trouve que le tracé de la route, le long de laquelle il faudra creuser, se prête merveilleusement à ce travail.

Dans la prairie, les émergences 7 et 8 (405 m. 50 et 406 m. 08) dans le prolongement du pendage, par rapport à Fontaine-l'Évêque, doivent être aussi des saignées de joints. Leur différence de niveau, avec l'émergence principale, peut n'être que la conséquence de l'inclinaison des strates entre lesquelles elles s'écoulent et n'implique nullement l'existence d'un réservoir vaste et profond. Bien au contraire, si ce bassin existait, la charge de 4 m. 80 (dénivellation entre 1 et 7) d'eau eût certainement dilaté depuis longtemps l'orifice de 7 (et aussi celui de 8) qui eussent acquis un bien plus fort débit. J'y vois donc une présomption de plus en faveur de l'artère unique, à petites fuites latérales et avec radier intermédiaire entre 405 m. 50 et 410 m. 30 (sauf petits bassins ou *gours* de retenue, profonds de quelques mètres au plus).

Émergences de Sambuc. — A Sambuc, les venues d'eau 9, 10, 11, 12 (405 m. 80 à 406 m. 84) se présentent dans d'identiques conditions; elles coulaient, le 7 août, à la même température que Fontaine-l'Evêque (12° 8) : leur connexité avec le débouché

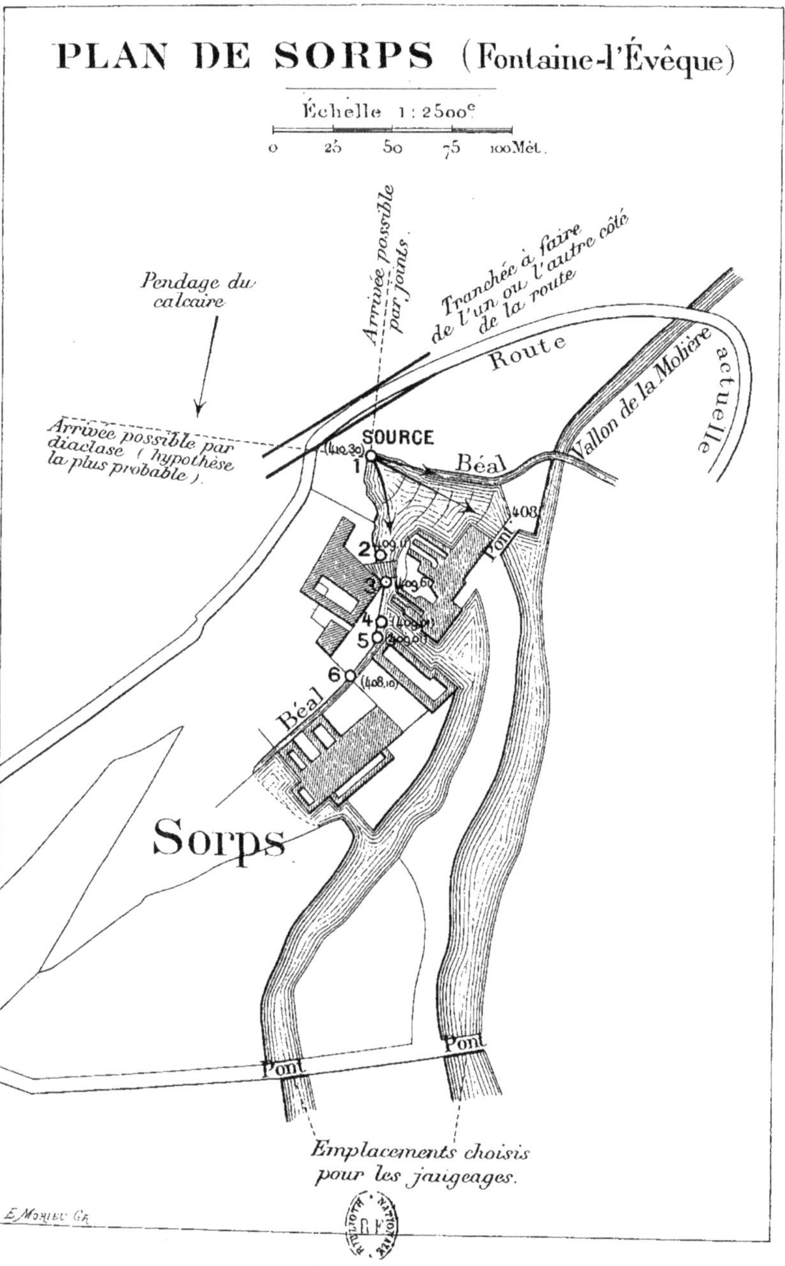
PLAN DE SORPS (Fontaine-l'Évêque)
Échelle 1:2500e
0 25 50 75 100 Mèt.
Pendage du calcaire
Arrivée possible par joints.
Tranchée à faire de l'un ou l'autre côté de la route
Route
Vallon de la Molière actuelle
Arrivée possible par diaclase (hypothèse la plus probable).
SOURCE
(410,30)
1
2
3
4
5
6
(408,10)
Béal
Béal
Pont
Sorps
Pont
Pont
Emplacements choisis pour les jaugeages.

principal n'était, dès lors et selon moi, pas douteuse. Elle a été prouvée, d'ailleurs, par la coloration à la fluorescéine, qui s'y est montrée même à deux reprises de plus qu'à Fontaine-l'Évêque, dont une intense.

Un peu en amont de Sambuc, et contre le côté sud de la route, une carrière dans la roche calcaire donne parfois des jaillissements d'eau après les très fortes pluies (observations de M. Abert, professeur de physique à Béziers, et maire de Bauduen). Il en résulte clairement que l'artère principale et ses ramifications nombreuses et évidemment anastomosées se dirigent, dans leur ensemble, de l'Ouest à l'Est.

Les trop-pleins de Garruby et leur mécanisme par rapport à Fontaine-l'Évêque. — Les émergences temporaires dites *de Garruby* ou *des Bouillides*, situées de part et d'autre de la tête orientale du pont des Salles, sont partagées en deux groupes (fig. 5); l'étude annuelle et minutieuse que l'on a faite, depuis 1898, des caprices de leurs débits a permis de conclure : 1° qu'elles ne coulent qu'après les grandes pluies et en proportion de leur abondance; 2° qu'elles suivent très exactement les gonflements de Fontaine-l'Évêque même et qu'elles en constituent donc les trop-pleins. Dès 1896, d'ailleurs, le rapport de M. Périer disait : « Sur les plateaux rocailleux du Plan de Canjuers, le sol absorbe immédiatement comme un crible les eaux pluviales qu'il reçoit et qui vont alimenter, à de grandes profondeurs, les réservoirs, les galeries souterraines et ramifications d'où s'échappent les eaux de Fontaine-l'Evêque, en premier lieu, et par surcroît, lorsqu'il y a abondance, les sources voisines de Garruby, lesquelles ne sont que des décharges existant sur les conduites de la source principale ». Ces conceptions sont justes, conformes aux lois réelles, ignorées il y a vingt ans, de la circulation souterraine des eaux dans le calcaire.

Les coupes de nombreux trop-pleins analogues[1], tels que ceux des grottes du Sergent (Hérault), de Poux-Blanc (Tarn-et-Garonne), des abîmes des Baumes-Chaudes (Lozère) et de la Blue John Mine (Angleterre) montrent par quel simple mécanisme les trop-pleins de ce genre entrent en jeu. Par la seule loi des vases communicants, l'eau s'y élève jusqu'à dégorger (par un orifice plus ou moins élevé) en fonction de la mise en charge, que les infiltrations pluviales provoquent dans les fissures et crevasses hautes et innombrables de la masse interne du plateau. Les divers et multiples réservoirs internes sont la branche amont du tube en U, dont les trop-pleins sont le tube aval, tandis que l'émergence d'étiage est la décharge normale. Dans l'Isère, la grotte du Guiers-Vif, dans le Doubs, la grotte des Faux-Monnayeurs avec la source du Pontet ont également fourni sur le vif cette explication, désormais irréfutable, des variations des émergences temporaires. Fontaine-l'Evêque et Garruby ne manœuvrent pas autrement!

A. *Groupe inférieur de Garruby.* — Pour le groupe de Garruby inférieur (en aval du pont, 13 à 28) tout était tari le 7 août 1905, et, au contraire, coulait à pleine cascade lors de mon premier passage, le 6 mai 1902. Il faut noter (comme l'ont remarqué, d'ailleurs, les tableaux et observations de jaugeages de 1898 à 1904) qu'il y a plusieurs autres débouchés que ceux portés au plan : le 28 *bis* notamment nous a laissés pénétrer de 5 à 6 mètres, mais verticalement, dans la diaclase qui recoupe la

[1] Voir *Les abîmes*, passim.

falaise et sans nous montrer de point propice pour un agrandissement à la mine; le 22 a des suppléments A, *bis* et *ter*; et, au moins 5 à 6 mètres plus haut vers l'Ouest aux

Fig. 6. — N° 23. Trop pleins de Garruby inférieur en action (mai 1902).

Fig. 7. — N° 26. Trop-pleins de Garruby inférieur en action (mai 1902).

points marqués sur la roche par A, B, C, N, 1870, on trouve traces de sortie d'eaux qui doivent être fort rares; elles correspondraient, en altitude, au 24 *bis* qui, selon

Garruby
Aire de Gautier
Garruby Supérieur
Garruby Inférieur
LIT DU VERDON
Pont du Garruby
Hangar
La Débordante
29 (426,71)
A.B.C.N. 1870
TROP-PLEINS DE GARRUBY
Échelle 1 : 2500e
0 25 50 75 100 Mèt.
E. Morieu Gr.

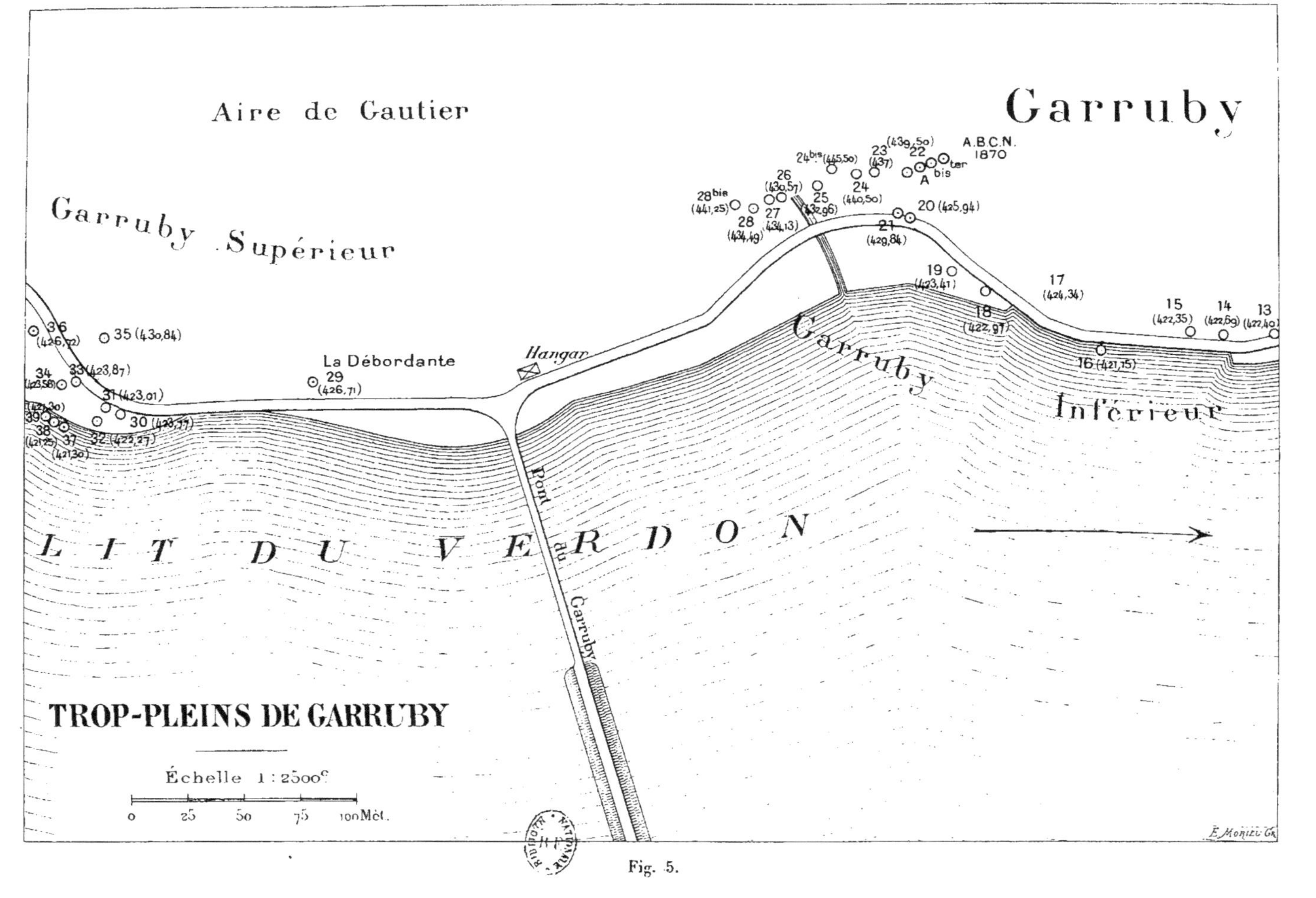

Fig. 5.

l'étude du régime, ne coule qu'en crues exceptionnelles à 445 m. 50 et au 28 *bis* à 441 m. 25, etc. Au contraire, le n° 13, *un des plus bas* (422 m. 40), coulerait huit jours *avant* et s'arrêterait vingt à trente jours *après* les orifices supérieurs. Cette particularité est *très importante.*

Les dépôts abondants de tufs (particulièrement au point 26 (fig. 7), où il y a un véritable manchon de cette matière) dénoncent l'existence de vides internes d'où l'eau a extrait, par corrosion chimique, le carbonate de chaux, qu'elle a redéposé au dehors sous la double action de sa chute et de l'évaporation (activée, comme dans toutes les cascades, par le morcellement et l'éparpillement des gouttelettes); similitude absolue encore avec Salles-la-Source, le Pontet et maintes autres résurgences revoyant le jour en cascatelles. Cela montre que les eaux de Fontaine-l'Evêque sont sans doute assez dures, c'est-à-dire chargées de carbonate de chaux; mais il n'y a plus lieu, au point de vue hygiénique, de s'arrêter désormais à cet inconvénient. Des analyses minérales devront d'ailleurs être faites sur les sables et graviers entraînés par les eaux de Fontaine-l'Evêque; M. Cayeux, en effet, a récemment montré, à propos de l'Avre, la grande utilité de ce genre de recherches quant à la provenance des eaux.

Fig. 8. — Falaises de Garruby.

B. *Garruby supérieur.* — Pour le groupe supérieur, nous citerons les particularités suivantes :

Selon les jaugeages effectués en 1898 et années suivantes (voir les tableaux au dossier) le n° 35 (alt. 430 m. 84) est le plus important des trop-pleins de Garruby (200 à 700 litres par seconde en 1898). Les photographies que j'en ai prises le 6 mai 1902 montrent quelle cascade en sort quand il fonctionne. Le 7 août 1905, il était à sec : en rampant, Louis Armand a pu pénétrer d'environ six mètres (fig. 10 et 11) dans l'intérieur de l'orifice, et constater qu'au delà la crevasse, trop basse pour lui livrer passage, affecte une allure descendante. Il est possible qu'en l'élargissant à la mine on puisse accéder par ce boyau à quelque conduite ou galerie menant au réseau souterrain. Il est indispensable que ce travail d'agrandissement soit au moins essayé et même avec quelque persévérance.

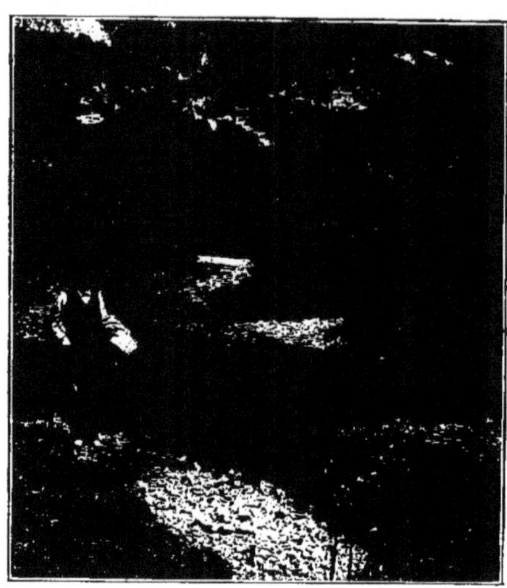

Fig. 9. — N° 33 à sec.

Les débouchés 29 à 36 (29 s'appelle la débordante) étaient tous taris. On a reconnu aussi que des déversoirs (41, 42, 43, 44) non marqués au plan coulaient encore quand le 35 était déjà tari; ils sont, bien entendu, à un niveau inférieur. Mais 37, 38 et 39 coulaient le 7 août 1905 (débit en 1898, 86 à 465 litres à la seconde) avec une anomalie de température qui demande une explication. Toutes trois marquaient, le 7 août 1905, 14° 5 formellement observés, au point de sortie de leur eau et même, pour le n° 37, à un mètre de profondeur, grâce à la verticalité d'une fissure qui a permis d'y descendre le thermomètre à cette distance de la surface. Or, le même jour, Fontaine-l'Évêque (comme le 28 juillet), n'était qu'à 12°8. Cette différence de 1° 7 m'aurait conduit *a priori* à conclure à l'indépendance d'origine des deux émergences, si la particularité suivante ne suffisait très probablement à en rendre compte : 37, 38 et 39, sont les plus bas débouchés (421 m. 25 et 421 m. 30) des huit que l'on connaît (12 même si l'on tient compte des supplémentaires 41, 42, 43 et 44 constatés les 19 février et 1er mars 1898; voir jaugeage de 1898) du groupe de Garruby supérieur (en amont du pont; et même, dans le groupe de Garruby inférieur, en aval du pont, le n° 16 seul est plus bas de 10 centimètres à 421 m. 15); or, ces trois numéros 37 à 39 sont au niveau et à côté d'un bras du Verdon, qui était ce jour-là à 24 degrés centigrades. Il est possible que, parmi les graviers superficiels qui recouvrent l'émergence géologique (c'est-à-dire dans la roche en place) de 37, 38 et 39, quelques filets du Verdon amont (qui coule sur un lit de galets) s'infiltrent et réchauffent ces émergences. Le fait est assez naturel et assez fréquent, dans tous les cas analogues, pour ne pas arrêter davantage notre attention. Mais il est encore

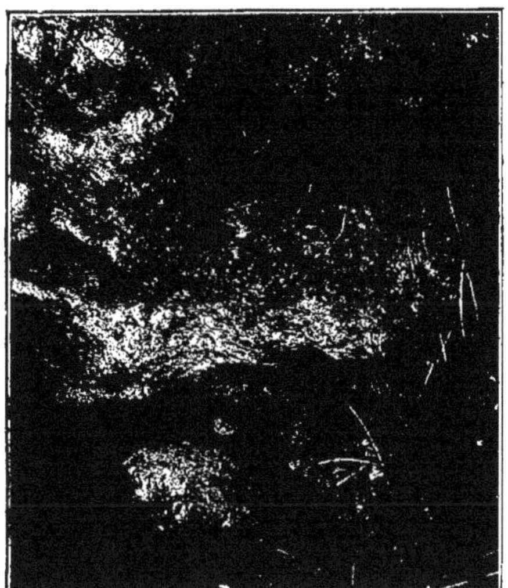

Fig. 10. — N° 35 de Garruby supérieur. A sec le 7 août 1905.

Fig. 11. — N° 35 de Garruby supérieur. En action le 6 mai 1902.

plus probable que, comme je l'expliquerai tout à l'heure, la provenance de 37, 38 et 39 qui sont pérennes (puisque seuls à couler en août) doive être cherchée assez près, aux abords d'Aiguines, par exemple. De toutes façons la fluorescéine de Comps, qui a été constatée à Sambuc, n'a pas été retrouvée aux points 37, 38 et 39. Jointe à la différence de température cette particularité renforce singulièrement la présomption de leur indépendance[1].

Situation géologique des émergences : anticlinaux, faillages, et barrages miocènes. — Quant à la situation géologique des Garruby, il est remarquable que, comme à Vaucluse, leurs eaux se fassent jour au contact du calcaire jurassique et du placage miocène qui a fait *barrage imperméable;* c'est à travers les dislocations d'un anticlinal très net du calcaire que s'élèvent les eaux des divers trop-pleins à la pointe même de l'éperon tithonique qui, au bord du Verdon, vient mourir en séparant les ravinements descendus du plan de Majastre. Vers le Sud, des failles complexes ont relevé (ravin de la Combe) l'oxfordien à côté du tithonique et celui-ci au-dessus du néocomien et même du tertiaire (îlot jurassique de la Chapelle Notre-Dame au sud de Bauduen). Sous ces parages bouleversés et déchiquetés, la grande artère des eaux souterraines a pu trouver un sous-sol naturellement assez rompu pour s'y frayer la plus facile sortie et surtout des saignées de trop-pleins, vers les Garruby, qui sont justement dans le prolongement des deux principales failles (voir la carte géologique, Castellane).

A Fontaine-l'Évêque aussi, l'issue des eaux est contiguë au placage miocène, qui remplit les ravins de Molière et d'Aspre et qui a pu contribuer à provoquer la localisation de l'émergence.

Remarquons dès maintenant que les Garruby sont, en hauteur, échelonnés entre 421 et 445 mètres, soit 11 à 35 mètres plus haut que Fontaine-l'Évêque et que, lorsque le dégorgement de ces trop-pleins étagés se produit, il dénonce, pour les canaux internes et par rapport à Fontaine-l'Évêque, une mise en charge de 1 à 3 atmosphères et demie. C'est alors que le débit augmente à Sorps. Nous verrons, dans nos conclusions finales, quels sont l'intérêt et la portée de cette remarque, en ce qui touche le serrement à établir.

Indépendance du n° 40. — L'émergence la plus rapprochée de Salles (n° 40) était tarie le 7 août. Comme le suppose l'*Étude du régime des diverses décharges* (pièce III du dossier), il est possible que ce n° 40 (qui, paraît-il, ne se troublerait jamais, et coule à raison de 4 à 28 litres par seconde avec 15 jours de retard sur les Garruby), soit indépendant du *réseau souterrain* de Fontaine-l'Évêque, et n'égoutte, après les pluies, que les calcaires lacustres et les poudingues de son voisinage immédiat. On pourra être fixé en étudiant soigneusement la température de cette venue d'eau : si cette température est égale à celle de Fontaine-l'Évêque et varie comme elle, c'est que, contrairement aux apparences, il y a connexité; mais si elle varie, au contraire, en fonction du degré thermométrique extérieur voisin et autrement que celui de Fontaine-l'Évêque, c'est que l'indépendance est réelle et que le n° 40 est alimenté par des infiltrations res-

[1] Rappelons cependant qu'en *principe* on ne doit tirer aucune conclusion des expériences négatives à la fluorescéine, à cause des mille obstacles qui les entourent d'ordinaire; et n'oublions pas que M. Schardt, le géologue suisse bien connu, ne considère pas comme preuve de diversité d'origine la différence de température entre deux émergences; car il a constaté de ces différences, malgré la communauté certaine de provenance, aux émergences du mont de Chamblon (Jura Suisse) et dans les venues d'eaux du tunnel du Simplon, il est vrai, dans des cas géologiques très spéciaux.

treintes et rapprochées. Il pourrait bien aussi n'être que le trop-plein de 37, 38 et 39 et former avec eux un petit réseau secondaire spécial.

DEUXIÈME PARTIE.

ÉTUDE DES PLATEAUX INFÉRIEURS.

Accroissement du bassin supposé de Fontaine-l'Évêque. — Après cet examen préalable de l'émergence même et de ses annexes, il y a lieu de rechercher quelle peut être l'étendue du terrain qui y amène ses eaux d'infiltration, et d'étudier en détail le *bassin d'alimentation de Fontaine-l'Évêque.* Un des principaux résultats de nos recherches a été de prouver que ce bassin est bien plus étendu qu'on ne le supposait. Un premier document (anonyme) du dossier qui nous a été communiqué est une carte au 80,000^{e}, sur laquelle on a teinté, en bleu, comme représentation de ce bassin, la surface limitée à l'Ouest et et au Sud-Ouest par la crête qui va de Sorps à Vérignon; au Sud par la crête de Vérignon au signal de Lagne; à l'Est par la crête dénommée (à tort) petit plan de Canjuers; soit 12,500 hectares, plus 2,500 considérés comme douteux, en tout 15,000: une note manuscrite au dos de cette carte expose qu'en admettant 15,000 hectares et en supposant, sur les plateaux, une précipitation atmosphérique annuelle de 1 mètre de hauteur on aurait un cube de pluie total de 150,000,000 de mètres; et que d'autre part en attribuant à Fontaine-l'Évêque et Garruby ensemble un débit moyen de 6 mètres cubes par seconde[(1)], on les verrait fournir 189,216,000 mètres cubes, soit 39 millions de mètres cubes de plus qu'il n'en tombe sur le bassin; donc, conclut la note, il faut supposer qu'il tombe plus d'un mètre d'eau sur le bassin alimentaire[(2)], ou bien qu'il y a alimentation partielle par des pertes de l'Artuby. D'autre part, un rapport de M. l'ingénieur en chef Périer attribue au bassin 25,000 hectares, ce qui équivaudrait à 250,000,000 de mètres cubes de pluie tombée, en admettant encore ce même chiffre de 1 mètre de hauteur de précipitation annuelle; ainsi il subsisterait 60 millions de mètres cubes pour la part de l'évaporation et du ruissellement, ce qui est notoirement trop faible. Les calculs ci-dessus pèchent en ce qu'ils considèrent la totalité des pluies comme absorbées par le sol, ce qui est *impossible*, car la plus forte part (d'ailleurs indéterminée) est à attribuer au retour direct à l'atmosphère par évaporation, et à la descente, directe aussi, au Verdon par le ruissellement extérieur, quand les grandes pluies font couler les grands ravinements, qui alors emportent certainement beaucoup d'eau. Remarquons d'ailleurs que M. Périer, pour arriver à ce chiffre de 25,000 hectares, a du étendre le bassin d'alimentation de Fontaine-l'Évêque en dehors de ses limites apparentes, telles qu'elles résultent du relief du sol. Notre expérience à la fluorescéine en aval de Comps nous a montré combien cette idée était fondée, car elle a prouvé que la perte de l'Artuby à Chardan communiquait avec Fontaine-l'Évêque; enfin nous verrons que le Verdon lui-même s'infiltre en partie sous terre dans son grand cañon.

(1) Cette évaluation me paraît un peu faible puisque le débit varie en moyenne de 4 à 13 mètres cubes; celle de 8 mètres cubes à la seconde, qui est le desideratum recherché, me semble plus vraisemblable.

(2) La moyenne actuelle pour le *département* du Var est de 0 m. 760 (selon le rapport Périer); mais il est parfaitement possible que sur les plateaux de Canjuers, environnés de montagnes condensatrices, la chute de l'eau soit plus considérable et excède même un mètre.

Donc c'est tout simplement l'extension considérable du bassin alimentaire de Fontaine-l'Évêque, qui rend raison de l'anomalie supposée entre son débit et les pluies sur un bassin de 15,000 hectares; accru en fait d'une partie des eaux de la zone de réception de tout le haut Verdon et de toute l'Artuby, ce bassin excède les 25,000 hectares eux-mêmes dans de telles proportions, que je ne saurais me risquer à énoncer un chiffre même approximatif[1]. Si l'écoulement de Sorps est si abondant, c'est tout uniment parce que ses origines multiples dépassent, et de beaucoup, les trop étroites limites qu'on voulait leur assigner jusqu'ici.

Nous étudierons donc successivement les quatre subdivisions géographiques de ce bassin : 1° les bas plateaux de Bauduen à Vérignon; 2° les plans de Canjuers; 3° l'Artuby; 4° le Verdon.

Extension au Sud. — Non seulement vers l'Est, mais aussi dans le Sud, ses limites doivent être élargies, car c'est immédiatement au Nord d'Aups que commence vraiment la *zone d'influence*, en quelque sorte, sur Fontaine-l'Évêque. Jusqu'à la crête de Vérignon, les Gipières, signal de l'Aigle, etc., les dolomies et calcaires bathoniens et bajociens sont *superficiellement* drainés par le versant de la Bresque (affluent de l'Argens); mais on ne peut affirmer que les infiltrations produites dans les fissures de cette surface ne se dirigent pas souterrainement en sens inverse, c'est-à-dire vers le Nord. Il faut bien se garder de croire à la superposition normale des bassins d'alimentation extérieur et intérieur. On a trop souvent constaté empiriquement (Jura, Causses, Karst, Belgique, etc.) les empiétements des bassins souterrains bien au delà de leurs apparentes limites, pour ne pas être très circonspect à ce sujet; le faîte très accentué de Vérignon à Baudinard mesure de 1,078 à 710 mètres (784 mètres au col des Gipières, où passe la route d'Aups aux Salles et à Bauduen).

Géologiquement et topographiquement, rien ne s'oppose à ce que certaines infiltrations de la convexité Sud et Sud-Ouest de cette crête soient drainées par Fontaine-l'Évêque, selon le caprice des pendages et surtout des diaclases.

Donc la bande curviligne comprise entre la crête et la ligne constituée par la montagne des Espiguières, Moissac, Baudinard, doit, en raison de son altitude et de sa lithologie, figurer dans les dépendances au moins présumables de Fontaine-l'Évêque.

Par le col des Gipières, on pénètre dans la partie la plus occidentale du bassin d'alimentation de Fontaine-l'Évêque qui draine, sans aucun doute, toutes les infiltrations d'un plateau mal défini et sans dénomination spéciale, limité au Sud et à l'Ouest par la crête Vérignon-Baudinard, à l'Est par le bourrelet Mérindole (1,119), 1,144 et Mocrouis (1037), derrière lequel s'étend le grand Plan de Canjuers.

Plan de Majastre. — Je désignerai ce plateau sous le nom de Plan de Majastre (d'après le principal domaine qui s'y trouve). Une bande de sables et argiles éocènes s'y est déposée d'un bout à l'autre (versant de Bauduen) dans un pli du calcaire jurassique, depuis Vérignon jusqu'au Verdon : du côté des Salles, des lambeaux tertiaires aussi, mais plus jeunes (poudingues de Riez, miocènes), occupent plusieurs dépressions assez vastes, propices à la culture et pourvues par leur teneur en argile, d'un

(1) Selon le dictionnaire Joanne, le bassin de l'Artuby à lui seul dépasserait 20,000 hectares.

commode niveau d'eau phréatique peu profond; ces formations sont bordées de fermes importantes, les Aumades, Majastre, Saint-Andrieu (Saint-André de la Carte), la Calle, Fond Castellan, Bramepan, Virarès, etc.

L'altitude moyenne de ce bassin infiltrant est de 700 mètres, soit à 300 mètres environ au-dessus de la Fontaine. On nous y a signalé les abîmes ou crevasses pénétrables suivants :

Avens signalés. — 1° Aux Gipières : indication vague que nous n'avons pas eu le temps de constater;

2° A Saint-Andrieu-le-Haut (n° 28 de la carte; altitude, 690 mètres), immédiatement derrière la ferme, il y a dans le calcaire, juste à la limite du tertiaire, des crevassements multiples, ouverts et agrandis par les anciennes eaux absorbées; ils sont obstrués de fagots pour que les moutons n'y tombent pas; le principal orifice, à pic sur 10 mètres de profondeur (échelle nécessaire) aboutit à un talus de pierres, débris divers et carcasses, épais de 6 mètres, dans une grotte, dont le sol est donc à 16 mètres sous terre; longue de 30 mètres, large et haute de 10, avec deux petits piliers stalagmitiques, cette caverne n'a d'autre intérêt que de se terminer par des fissures étroites impénétrables, mais où les infiltrations et les ruissellements du dehors s'effectuent sans aucune entrave. Le point est donc encore nettement absorbant;

3° Au Clos (3 kilomètres Nord du précédent, n° 27) un aven véritable passait pour avoir 100 mètres de creux; notre sonde s'y est arrêtée à 26 mètres; nous n'avons pas pu y descendre, car il est couvert de pierres cimentées, disposées pour prévenir la chute des bêtes vivantes et que nous n'avons pas cru devoir démolir;

4° (N° 29). A Bauduen même, sur le petit plateau de Sur-Château, à 560 mètres d'altitude, c'est-à-dire à 75 mètres environ au-dessus du village un petit gouffre oblique, aisé à visiter sans corde, s'étend en pente sur 30 mètres de longueur et 15 mètres de profondeur. Ses dernières fissures sont encombrées de cailloux, détritus, bouteilles cassées, etc.

Thalwegs de débouché. — Les thalwegs qui prennent naissance au plan de Majastre et servent de débouchés *extérieurs* à ses ruissellements après les grandes pluies seulement, sont au nombre de quatre : deux à l'Ouest, le Vallat et la Combe se réunissent en amont de Bauduen et coulent assez souvent, l'un sur les sables argileux tertiaires, l'autre, la Combe, sur un affleurement assez étendu de marnes oxfordiennes. Mais à peine réunis dans le *Vallat*, ils ont à franchir un dépôt de crétacique inférieur, où l'élément calcaire est assez abondant pour se prêter à l'infiltration. Les deux autres, au Nord-Est, bien plus accentués sur le sol que sur la carte, divergent d'un assez singulier petit col, un peu au Nord de la ferme de Virarès; de nouveau ils se réunissent un peu au-dessus des émergences de Garruby d'amont; mais ils ne portent guère au Verdon que les pluies et sourcettes phréatiques retenues presque à l'extérieur par le miocène qui environne les Salles. Bref, pour tout le plan de Majastre et les ravins qui en dérivent, c'est le régime de l'infiltration interne qui l'emporte de beaucoup sur celui de l'écoulement externe.

TROISIÈME PARTIE

LES PLANS DE CANJUERS.

Aiguines fait vraisemblablement partie du bassin de Fontaine-l'Évêque. — Des Salles (450 mètres environ vers l'église) à Aiguines (823 mètres) monte une nouvelle route, fort raide par places, mais bien carrossable, qui évite le détour du pont dit *d'Aiguines;* cette route, dont j'ai figuré le tracé (d'après les indications de la carte de l'État-Major au 80,000^{e}, revisée en 1896) sur la carte au 100,000^{e} ci jointe, s'élève en lacets sur le placage miocène très cultivé, à peu près imperméable, mais peu épais, ainsi qu'on peut le voir en plusieurs points de recoupement et d'affleurement du calcaire jurassique sous-jacent; Aiguines même est en grande partie sur ce calcaire.

La carte constituant le premier document du dossier qui m'a été communiqué, laisse Aiguines en dehors du bassin d'alimentation de Fontaine-l'Évêque; cette opinion est très contestable : en effet, la faille qui, selon la carte géologique, traverse Aiguines est parfaitement existante; en nous rendant à l'Est, au col sans nom coté 969 mètres, et en redescendant un peu sur le versant (rive gauche) du Verdon, nous l'avons très nettement suivie; là, on a constaté que cette faille redresse, bien en dessus du miocène, le jurassique supérieur, accidenté même d'aiguilles dolomitiques et supporté par des assises oxfordieuses marneuses, imperméables, remontant bien plus haut qu'Aiguines sur les crêtes du signal de Margiès (1577), au sud-est; or cette faille est dirigée O.-S.-O., vers Garruby, et il est infiniment probable qu'elle conduit vers ce trop-plein les infiltrations d'Aiguines, qu'elle sollicite grandement, aidée en cela par toute la fissuration du calcaire dont le pendage général est exactement dans le même sens.

Origine possible des Garruby 37 à 39. — Il faudrait rechercher (le temps nous a manqué pour cela, mais le renseignement est facile à avoir) si les deux sources marquées comme importantes sur la carte géologique au-dessus du château de Chanteraine et sous les Cogordans, au contact du miocène et du jurassique, ne se perdent pas dans ce dernier et sont bien pérennes; rien ne s'opposerait alors à ce qu'elles constituassent l'élément permanent des trois sources basses 37, 38, 39 de Garruby, que nous avons vues couler le 7 août avec une température de 14°5. (V. ci-dessus.)

Une expérience à la fluorescéine serait ici assez facile à faire et la comparaison des variations thermométriques (s'il y en a) de ces deux groupes de sources achèverait de renseigner sur leur relation présumée.

En suivant la route qui mène au plan de Canjuers, on observe les faits suivants :

1° *Débouché extérieur du grand Plan de Canjuers.* — Après la cote 865, bifurcation d'une route qui redescend au plan de Majastre et aux Salles (parmi des bois, le long des ravins à sec et à travers les îlots miocènes cultivés des bastides de la Tarde, de Bramepan et du Virarès), on voit nettement un ravin d'abord peu accentué descendant d'une brèche qui n'est autre que la sortie naturelle du Plan de Canjuers; cette sortie est plus haute d'une trentaine de mètres (disons-le au passage et par anticipation) que la portion la plus creuse du Plan (celle où s'ouvrent les deux grands abîmes); il est clair qu'à une certaine époque (postérieure au miocène, car la tête de ce ravinement a déblayé, incomplètement d'ailleurs, les poudingues de Riez, dont le dépôt s'est allongé au sud en languette dans l'extrémité N. O. du Plan de Canjuers), cette sortie a servi de déversoir à des eaux superficielles du grand Plan de Canjuers, mais pas assez longtemps et pas assez souvent pour s'agrandir en gorge et en thalweg profonds; le régime d'absorption des pluies par voie d'infiltration immédiate s'est rapidement établi sur le Plan, par le développement extrême de sa fissuration et par le creusement de ses abîmes.

Cependant, dès l'aval de cette sortie, le vallonnement s'accentue; l'inclinaison du terrain (dont le pendage, ici encore, est dirigé vers Fontaine-l'Évêque) l'appel provoqué par la vallée du Verdon (400 à 450 mètres plus bas) et sans doute aussi les pluies d'orages du haut Margiès (1577^{m}) ont creusé un sinueux ravin qui ne tient guère l'eau qu'après être résolu 300 mètres plus bas dans les pentes douces du miocène, dont les cuvettes toutes superficielles y entretiennent à grand'peine en été le petit ru du Vallat de Ruine (aboutissant au Verdon en amont de Garruby).

Il est curieux de noter, comme une similitude de plus, absolument générale entre tous les plateaux calcaires absorbants, que des ravins pareils, plus sinueux encore si possible, existent sous quantité de débouchés semblables, inachevés, arrêtés dans leur développement, à l'issue de surfaces de récepteurs calcaires toutes percées de grottes et abîmes encore en fonction actuelle : à Vénasque, au bout des monts de Vaucluse; au Causse de la Selle, Hérault; à Adelsberg, Carniole, Autriche, etc.

C'est la marque formelle, partout d'uniforme aspect, du remplacement de la circulation extérieure des eaux par la circulation souterraine.

Elle est d'une netteté frappante à l'issue du Plan de Canjuers.

2° *Pendage général vers Fontaine-l'Évêque.* — D'une manière générale (et sauf quelques torsions toutes locales) le pendage des calcaires est franchement vers l'Ouest, vers le grand collecteur de Fontaine-l'Évêque. J'ai pu le mesurer exactement (le 6 août, en redescendant aux Salles par Virarès) au coude de la route où j'ai ajouté la cote 580, et je l'ai trouvé Ouest 10° Nord, c'est-à-dire droit vers Garruby.

3° *Inexistence des pertes de ruisseaux marqués sur les cartes au 80,000^{e} et au 100,000^{e}.* — Les trois fils d'eau marqués sur la carte au 80,000^{e} comme ruisseaux arrêtés (c'est-à-dire se perdant) juste contre la route, n'existent pas : du moins ils ne doivent pas être plus spécialement indiqués que les centaines d'autres plis de terrains qui, tout au pourtour du bassin de Canjuers, sillonnent de haut en bas, et plus ou moins accentués, toutes les pentes du cirque ovale des hauteurs encaissantes (Margiès 1577, cote 1300; signal de Lagne 1111, cote 1009; Rue signal 1089; Mérindole signal 1119, cote 1144; Mocrouis signal 1037, cote 980).

Lors des grandes précipitations atmosphériques et des fontes de neige, ces innombrables gouttières conduisent les eaux vers l'engouffrement général du fond du Plan.

4° *Le Plan de Canjuers est un bassin fermé, ses eaux s'engloutissent aux Avens.* — Dès que, vers la cote 931, la route a pénétré dans le grand Plan de Canjuers, on se rend compte du premier coup d'œil qu'il est bien un bassin fermé de toutes parts, sans écoulement normal extérieur, une véritable Kessel Thal (vallée cuve) comme celle du Karst; les lacs sans émissaires ou du moins à émissaires souterrains, encore si nombreux, dans le Jura (voir les beaux travaux de M. le professeur A. Magnin, doyen de la

Faculté des sciences de Besançon) présenteront un jour cet aspect, quand leurs gouffres de vidange se seront suffisamment élargis ou multipliés pour ne plus permettre l'accumulation permanente des eaux dans leur fond.

L'état intermédiaire entre la vidange complète (comme elle est réalisée à Canjuers) et l'allure franchement lacustre qui se maintient au Jura est réalisé par les cuvettes d'eaux intermittentes des Polje à Ponors du Karst (Bosnie et Herzégovine) et des marécages à Katavothres de Grèce (lacs Copaïs, Stymphale, Phonia, de Tripolis, de Mantinée, etc.).

Il est inutile d'exposer ici les raisons diverses (géologiques, topographiques, climatologiques) pour lesquelles le dessèchement est plus avancé dans certaines régions : il suffit de dire qu'à Canjuers il est définitif, et qu'il a été assuré par la considérable capacité absorbante des fissures et des abîmes, qui ont transformé le plateau en vrai tonneau des Danaïdes, et dont nous avons maintenant à nous occuper en détail.

Situation du grand Plan de Canjuers. — La majeure partie de la surface du grand Plan de Canjuers, du moins toute la partie où le calcaire affleure à nu, — en dehors des creux sporadiques colmatés par l'argile rouge et cultivés, — se trouve sillonnée d'une infinité de rigoles, ravines, trous et cupules de toutes figures et de toutes dimensions, ciselés par l'eau, mécaniquement et chimiquement, aux dépens de la roche; celle-ci est complètement rongée en véritables *rascles* comme ceux du Ventoux et de l'Ardèche, comme les lapiaz du Dauphiné et de Savoie, les karren de Suisse et les schratten des Alpes orientales. La plupart de ces ciselures sont subordonnées ou aboutissent aux lèvres, trop serrées pour livrer passage à des échelles de cordes, des légions de diaclases, qui hachent en tous sens la surface du calcaire et le transforment en un crible, une passoire, une écumoire, qui enfouit sous terre, dès leur chute, la majeure partie des précipitations atmosphériques; les mêmes fissures doivent représenter les impénétrables orifices d'un grand nombre d'abîmes moins largement ouverts que ceux que je vais indiquer : on m'a affirmé que tout le revers sud-ouest de la crête de Margiès (1577-1300 mètres, où la carte au 80,000[e] inscrit fautivement les mots de petit Plan de Canjuers) est tout percé de crevasses absorbantes, connues des bergers, mais trop étroites pour être visitées. Il ne serait pas inutile de faire rechercher leurs orifices.

Terre rouge. — Quant à la terre rouge, elle provoque occasionnellement, lorsque les orages entraînent de grandes masses d'eau dans les abîmes, les troubles et colorations remarqués parfois à Fontaine-l'Évêque. Je n'affirmerai pas que cette terre rouge soit uniquement le produit de la décalcification sur place, de la mise en liberté, par désagrégation chimique, des éléments argileux des roches calcaires; il serait intéressant de rechercher si, dans une certaine mesure, il n'y a pas mélange, au moins partiel, avec de vraies alluvions anciennes, provenant des anciens grands courants tertiaires de la région et que les ruissellements postérieurs n'auraient pas entièrement entraînées; on sait que les cartes géologiques n'ont pas jusqu'à présent tenu toujours compte du *sol* proprement dit, constituant la vraie surface du terrain et que, préoccupées surtout du *sous-sol*, elles ont souvent fait une trop large abstraction de certains dépôts meubles considérés comme négligeables en raison de leur faible épaisseur ou étendue; tel paraît être le cas de ces paquets de terre rouge des plans de Canjuers (et de tous les plateaux calcaires en général) par places fort étendus et qui, d'après leur excellente appropriation à la culture, doivent contenir bien autre chose que du pur silicate d'alumine de décalcification. Pour notre sujet, en outre, ils ont l'importance de colmater beaucoup de fissures.

Les Avens. — Les deux principaux de ces abîmes, les seuls marqués sur la carte, sont au point le plus creux du Plan de Canjuers : l'un, nommé le *Gros Aven*, à la cote (873 mètres), l'autre, 4 mètres plus haut (877 mètres) et à un kilomètre E.-S. E. au bord du chemin de la Bastide de la Nouguière dont il a pris le nom.

C'est vers ces gouffres absorbants que convergent, en définitive, toutes les grandes pluies du bassin.

Aven du Plan de Fouille. — Mais en recherchant s'il existe d'autres abîmes sur le grand Plan de Canjuers, on nous a rapporté (à la Bastide neuve) que dans le bas-fond du Plan de Fouille, 905 à 900 mètres (isolé du reste du plan par quelques petits accidents de terrain) l'eau stagne parfois, à la fin de l'hiver, jusque vers la Bastide Coréiasse, quand le sol est gelé et le crevassement du sol ainsi hors d'état de fonctionner.

Le dégorgeoir principal de cette portion nord-ouest du grand Plan de Canjuers est, dans sa partie la plus creuse, à 900 mètres d'altitude, le seul abîme que nous ayons pu trouver (n° 1 de la carte ci-jointe), à 1 kilomètre N.-O. de la Bastide neuve; on l'appelle, dit-on, *Aven du Plan de Fouille.*

A une quinzaine de mètres de profondeur, il est bouché par de la terre et des pierrailles, mais reste absorbant quand même : il est précédé (comme beaucoup d'abîmes) d'une dépression ovale, dont le fond, colmaté de terre rouge, est cultivé (pareil aux *ogradas* du Karst).

Le gros Aven de Canjuers [1]. — Le gros Aven de Canjuers s'ouvre à 873 mètres d'altitude au point le plus creux du Plan. Son orifice, un des plus grandioses et caractéristiques que je connaisse), mesure 25 mètres de long sur 10 mètres de largeur environ.

Il est orienté du N. E. au S. O. et creusé par les trois forces usuelles de l'eau : érosion (mécanique), corrosion (chimique) et pression hydrostatique, aux dépens d'un complexe réseau de diaclases s'entre-croisant obliquement selon deux directions principales, et recoupant des joints de stratification, bien moins développés que les crevasses verticales.

Les figures ci-jointes m'éviteront ici de longs détails descriptifs et mes photographies montrent assez bien, pour que je n'y insiste pas, de quelle manière énergique la roche a été érodée et corrodée tout au pourtour, comme dans l'intérieur du gouffre. Celui-ci comprend deux puits superposés, réunis par un orifice vertical de grotte (haut de 4 mètres) qui est la bouche du deuxième puits; le premier mesure 25 mètres de profondeur totale; du côté nord-est, il est en trois gradins (voir la coupe) qu'il est aisé de descendre avec une petite échelle ou même avec une simple corde; du côté sud-ouest, l'abîme débute par un ravinement plus brusque. C'est par ces deux

(1) Descente effectuée pour la première fois le 31 juillet 1905 par L. Armand et moi-même. En avril 1902, feu M. Périer, alors ingénieur en chef du Var, m'avait dit en avoir antérieurement tenté la descente et s'être arrêté, faute de matériel, à une faible profondeur : il a dû atteindre, je pense, sinon le fond du premier puits, du moins la première terrasse de ce puits, vers 15 mètres de creux.

extrémités que s'opèrent surtout les absorptions des eaux d'orages; en bas on se trouve (voir les photographies et le plan) dans un couloir de 2 à 4 mètres de largeur et

Fig. 12. — Préparatifs de descente.

Fig. 13. — Gros aven de Canjuers. Au bord de l'orifice.

12 mètres de longueur; au milieu une flaque d'eau contenait la carcasse d'une brebis encore en putréfaction.

L'accès de ce premier puits est si facile que nous y fîmes descendre toute notre équipe, simplifiant ainsi considérablement les manœuvres ultérieures. Mais les oscillations et le frottement des cordes contre les parois supérieures du gouffre délogeaient les cailloux arrêtés et les fragments de roche prêts à se détacher sur les corniches rocheuses; malgré le déblaiement préalable, que nous dûmes soigneusement faire, de cette branlante mitraille, une pierre grosse comme la tête d'un homme tomba de 20 mètres de haut au beau milieu de nous pendant la manœuvre; c'est miracle que personne n'en ait été assommé dans l'étroit espace où nous étions massés! Ceci est d'ailleurs le plus gros et permanent risque des explorations d'abîmes.

Fig. 14. — Gros aven de Canjuers. Intérieur du premier puits.

Le second puits a 65 mètres de profondeur, dont les vingt premiers ne sont pas tout à fait à pic et montrent trois niches correspondant à des conduites qui font affluer les pluies.

Ce gouffre est un type accompli de marmite de géants, creusée de haut en bas par le tourbillonnement des eaux; tout le long de ses parois se remarque le développement des spirales caractéristiques de l'érosion mécanique; c'est une régulière bouteille plate, de section ovoïde et non circulaire; le grand axe est à angle presque droit sur celui du premier puits, c'est-à-dire que le creusement s'est opéré dans une diaclase de direction à peu près perpendiculaire à celle où s'est élargi le premier gouffre.

Le fond de la bouteille mesure environ 15 mètres de longueur sur 6 mètres de largeur; en levant la tête, on aperçoit à peine un point blanc, petite étoile de jour qui filtre par l'orifice; au magnésium le spectacle est impressionnant de cet énorme cône aigu fuyant dans le haut noir, avec le fil de 200 pieds d'échelles vacillant au beau milieu.

Fig. 15. — Gros aven de Canjuers. Le gouffre.

Mais l'intérêt capital de l'abîme, c'est qu'il n'est pas bouché : le talus de débris, pierrailles et matériaux divers qui obstrue d'ordinaire 90 à 95 p. 100 des gouffres de ce genre, fait presque totalement défaut.

Chassés par les cataractes que les mauvais temps y précipitent, des amas de cailloux roulés, sinon polis, sont rejetés de côté dans le bas-fond Nord-Ouest et dans l'angle Sud de la bouteille.

Mais tous autres détritus, carcasses, bois, paquets d'argile, manquent totalement.

Aussi deux issues demeurent-elles libres : l'une profonde de 7 mètres est une étroite crevasse qui s'élargit en bassin d'eau (à 7° 8, l'air est à 8°) : l'autre, contournée en tire-bouchon, mène à l'Ouest à un bout de galerie traversée d'un pont naturel rocheux (fragment de strate dure que l'eau n'a pas encore emporté) et terminée rapidement par une fissure verticale, pied d'abîme remontant vers le plateau, où l'on n'en discerne pas l'issue; par l'Est, on rejoint le débouché du bassin d'eau à un carrefour; droit au Sud on descend à travers cinq marmites successives, remplies d'eau, dans une galerie longue de 20 mètres, haute et large de 1 à 4 mètres; le dernier bassin s'effile vers l'Ouest en une fissure si étroite (remplie d'eau d'ailleurs) que nous ne pouvons y passer, à 103 mètres sous terre environ (13 mètres plus bas que le pied de l'échelle) : c'est l'arrêt forcé, mais pas pour l'eau, dont la circulation se continue certainement en aval par l'habituelle succession de puits et de galeries, d'élargissements et de rétrécissements, de citernes et de siphons qui sont l'allure universelle des écoulements souterrains dans les calcaires.

Il faut peu de pluies pour mettre cette circulation en jeu : notre traversée des bassins (0 m. 50 à 1 mètre d'eau) a suffi pour les faire déborder de l'un dans l'autre et pour rétablir entre eux le ruisselet courant qui, après les plus fortes pluies, peut même occuper tout le couloir en *conduite forcée.*

Parvenus au carrefour, nous remontons vers l'E. S. E. par deux galeries : ce sont de véritables affluents, mais de fonctionnement moins fréquent que la galerie descendante, car elles se montrent absolument sèches avec des *gours* (ou barrages) de stalagmite complètement vides, — des fissures de dessiccation dans les parties argileuses, — de la paille flottée déposée sur le sol, — quelques stalactites au plafond et même des stalagmites par terre; dans la voûte de *la rotonde* il y a de minces rubans d'argile, mise en liberté par la décalcification chimique du calcaire, particularité qu'on ne trouve jamais sur les parois fréquemment mouillées.

Donc les arrivées d'eau par ces galeries ne doivent pas être fréquentes : l'une d'elles, la plus basse, où l'on rampe sur 30 mètres, jusqu'à ce que l'argile arrive si près de la voûte qu'on ne peut plus avancer, est dirigée justement et exactement vers l'Aven de la Nouguière, dont le fond (à peu près 4 mètres plus haut) se termine aussi par des fissures impénétrables à l'homme; la communication entre ces deux points est vraisemblable, et il est donc possible que l'Aven de la Nouguière soit souterrainement l'affluent du Gros Aven, mais je ne saurais nullement l'affirmer; peut-être, au contraire, sont-ils indépendants l'un de l'autre, ou du moins ne réunissent-ils leurs eaux que beaucoup plus loin et beaucoup plus bas dans les entrailles du plateau, vers le collecteur général qui débouche à Fontaine-l'Évêque.

Enfin, la dernière galerie se termine et est fermée par un Aven, remontant vers un point inconnu du plateau.

Le Gros Aven synthétise deux des principaux modes de descente des eaux. — On ne saurait trouver de dispositions plus démonstratives pour l'explication de la transmission des eaux entre les abîmes et la Fontaine, ainsi que pour rendre compte de plusieurs des faits constatés au dehors : ces dispositions forment une synthèse incomparable des principales indications recueillies dans tous les sous-sols explorés hydrologiquement et scientifiquement.

C'est d'abord la représentation des deux principaux modes de descente des eaux : *verticale* pour les abîmes en diaclase et *subhorizontale* ou *oblique* entre les joints de stratification plus ou moins inclinés sur l'horizon, selon le degré de leur pendage : les *puits-cascades* et les *galeries-aqueducs.*

Cette double allure est une loi hydrologique universelle. Elle est alternative selon la structure lithologique des terrains : la première se rencontrant parmi les calcaires, compacts, fissurés surtout de haut en bas et particulièrement dans ceux plus ou moins dolomitisés; la seconde se trouve dans les assises moins homogènes, qui se sont plus écrasées ou plus rétractées en lits stratifiés, parfois très menus.

Ainsi l'intérieur des abîmes fournit la plupart du temps une excellente coupe géologique naturelle du sol; pour le Gros Aven de Canjuers, notre descente permet d'affirmer que le facies dolomitique du jurassique supérieur (tithonique) atteint 90 mètres d'épaisseur (du sol au pied du grand gouffre) et que plus bas commencent les calcaires en bancs, à éléments marneux qui passent graduellement à l'oxfordien; les zones de marnes forment substratum plus ou moins imperméable et ce sont elles qui retiennent les eaux dans les vasques ou les font écouler en ruisselets souterrains.

On voit aussi que le passage d'un étage à l'autre, ou simplement d'une crevasse à celle qui la suivait le plus immédiatement, s'opère par hélices-spirales ou tire-bouchons autour de quelque bloc compact, dont l'eau n'a pu gagner le dessous qu'en le contournant par les cassures naturelles qui le limitaient.

A chaque instant ces tire-bouchons font changer le sens de l'écoulement, qui ne s'effectue donc que par zigzags perpétuels; mais à la longue, et si nombreux que soient leurs capricieux rebroussements, le drainage interne aboutit toujours à une artère principale (quelquefois ramifiée), qui s'est établie peu à peu, soit dans une succession favorablement prédisposée de diaclases conjuguées (voire même à contresens du pendage comme dans les thalwegs externes), soit en gradins le long et entre les plans de stratification inclinés, le tout vers le point d'élection déterminé par la multiple combinaison de l'altitude, du creusement des vallées, de la composition lithologique du sol, des accidents tectoniques, bref des divers facteurs topographiques et géologiques.

Importance des fissures verticales. — Dispositif des écoulements souterrains. — Et il convient de dire ici que le rôle des diaclases, en général perpendiculaires à la stratification (et aussi celui des joints quand ils sont redressés au voisinage de la verticale, comme en Belgique), bref le rôle des fissures d'ordre subvertical m'a toujours paru de beaucoup le plus important : on conçoit que, par l'effet de la pesanteur, la force active et élargissante de l'eau tombante (et surtout des matériaux qu'elle entraîne) soit singulièrement plus puissante dans ses chutes à pic que dans ses écoulements en pente plus ou moins adoucie; quand les orages s'engloutissent dans le Gros Aven, il y a près de 9 atmosphères de pression au bas du second puits; des blocs et galets roulés, agités au fond d'une pareille turbine, taraudent la roche compacte comme un émeri colossal, et c'est pourquoi, contrairement à ce qu'on a supposé longtemps, les abîmes sont en forme de bouteilles plus vastes au fond qu'à l'orifice.

Siphonnements. — A leur suite, dans les calcaires stratifiés l'eau n'est plus limitée au seul emploi des fissures descendantes ; sous les pressions énormes mises en jeu elle remontera parfois des plus aisément parmi des crevasses ascendantes, selon le jeu des vases communicants; et c'est alors qu'à travers tous les joints et les petites diaclases secondaires qui les recoupent s'établira, au lieu du puits unique borné à la verticale, tout ce réseau de galeries et couloirs parfois très bas, presque toujours mis en commu-

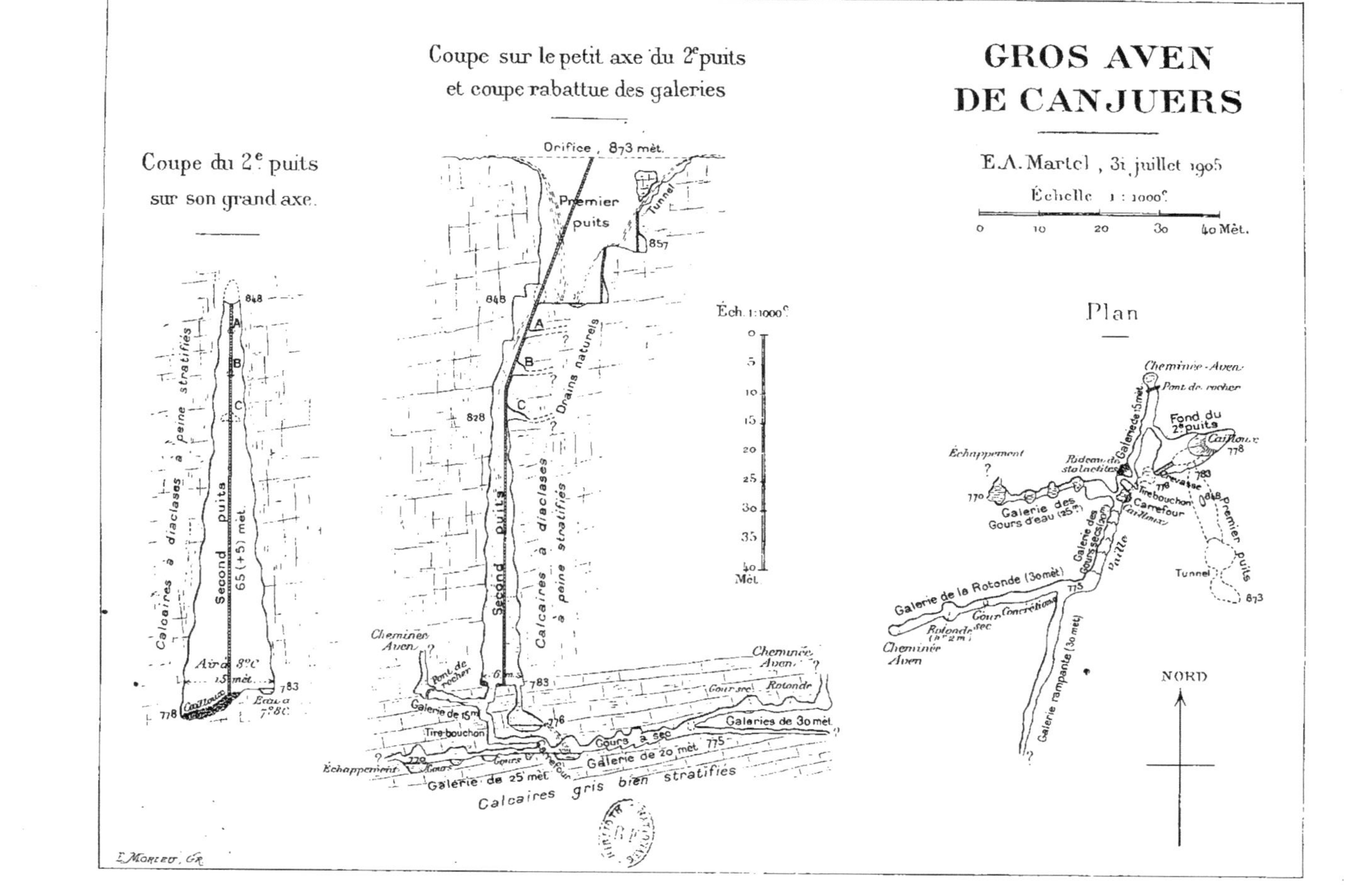
GROS AVEN
DE CANJUERS
E.A. Martel, 31 juillet 1905
Échelle 1 : 1000e
0 10 20 30 40 Mèt.
Plan
NORD
Coupe sur le petit axe du 2e puits
et coupe rabattue des galeries
Coupe du 2e puits
sur son grand axe.
Orifice, 873 mèt.
Premier puits
Tunnel
857
848
828
Drains naturels
Second puits
65 (+5) mèt.
Calcaires à diaclases à peine stratifiés
Calcaires gris bien stratifiés
Éch. 1:1000e
Air à 8°C
Eau à 7°8C
Cailloux
Cheminée Aven
Pont de rocher
Galerie de 15m
Tire bouchon
Échappement
Galerie de 25 mèt
Galerie de 20 mèt
Gours à sec
Galeries de 30 mèt
Gour sec
Rotonde
Carrefour
Fond du 2e puits
Rideau de stalactites
Crevasse
Galerie des Gours d'eau (25m)
Galerie des gours secs (20m)
Galerie de la Rotonde (30 mèt)
Galerie rampante (30 mèt)
Gour sec
Concrétions
Rotonde (h=2m)
Paille
E. Morieu, Gr.

nication entre eux, *anastomosés*, par ces *siphonnements* inverses (ou même normaux), qui ont arrêté à peu près toujours (à quelques très rares exceptions connues) la marche des explorateurs et la traversée complète depuis le gouffre ou la perte jusqu'à la résurgence. C'est par l'effort de ces pressions hydrostatiques que certaines rivières souterraines s'écoulent parfois à contre-strates, montant souvent sur le *mur* d'un joint, en conduite forcée bien entendu, par une complaisante diaclase ou fissure recoupante quelconque.

Rien d'étonnant donc à ce que l'écoulement souterrain s'inquiète souvent fort peu d'obéir au pendage dont l'affranchit la combinaison des diaclases et de l'équilibre des liquides. Aussi voit-on quelques émergences (et Vaucluse la première, sur 50 mètres de haut en temps de crue) venir des profondeurs basses au lieu de descendre des parties hautes : ce sont les sources *remontantes*, relativement nombreuses et dont le mécanisme réside tout simplement dans un tube en U géologique, actionné par la pression hydrostatique.

Voilà comment la considération du pendage ne doit pas être mise en avant avec exagération, tout en reconnaissant que, lorsque ce pendage est, dans toute une région, accentué en grande majorité vers une direction principale, il y a toutes chances pour que les eaux, en dernière analyse, soient aiguillées en masse dans ce sens et que le point d'élection résulte surtout de l'inclinaison régionale dans son ensemble. C'est ce qui paraît réalisé à Fontaine-l'Évêque, où malgré d'inévitables déviations de détail local dues aux recoupements par des diaclases (ou des failles), l'orientation générale du terrain vers l'O. N. O. recueille et mène vers Sorps toutes les infiltrations d'une énorme surface calcaire.

Le plan du fond du Gros Aven est justificatif de tout ce qui précède : après les pluies, il est évident qu'une série de cascatelles d'abord et ensuite l'amorçage complet se produisent dans la galerie des bassins par la fissure qui nous a arrêtés : étroite, elle ne livre passage qu'à une quantité d'eau restreinte ; un moment vient où l'apport dépasse le débit de cette issue; les galeries que nous avons pu parcourir se remplissent peu à peu, parfois même se mettent en charge et le niveau hydrostatique établit automatiquement des vases communicants par tous les rétrécissements d'aval et même latéraux; ainsi s'institue et fonctionne ici ce véritable réseau de conduites aquifères, distinctes, mais convergentes ou communicantes, que l'on rencontre dans tous les calcaires et qui joue, vis-à-vis des sources, le rôle de réservoirs.

Tout cela a d'autres conséquences encore.

Mises en charge. — Chasses d'eau. — Trouble argileux des résurgences. — Si l'absorption par les fentes de la surface est considérable, la mise en charge, au moins momentanée, des couloirs larges en amont des étranglements, peut se propager, je l'ai dit, sur une certaine hauteur dans les cheminées d'abîmes; c'est alors que le poids des colonnes d'eau réussit de temps à autre à chasser, déboucher, *détamponner* en quelque sorte des amoncellements d'argile (soit décomposés sur place, soit amenés du dehors), obstruant certains canaux.

Ceci encore donne l'explication de ces troubles, de ces colorations en jaune ou en rouge qu'on a observés assez fréquemment aux résurgences, aussi bien à Fontaine-l'Évêque qu'à Vaucluse, à la Loue, aux fontaines riveraines du Tarn, etc. A ce propos, un phénomène remarquable est rapporté d'ailleurs dans tous les documents concernant Fontaine-l'Évêque; il s'est manifesté au grand plan de Canjuers au début de 1895.

Selon la majorité des récits, conforme à toutes les relations que nous avions pu en voir, il paraît que vers la mi-janvier 1895, après des grands froids et une chute de neige, une croûte de glace avait fermé les orifices des deux grands abîmes.

Pendant plus de deux mois, la basse température persista si bien qu'à la fin de mars l'accumulation de neige atteignait une épaisseur d'un mètre dans tout le bassin fermé; un brusque dégel étant survenu, la fonte de la neige fit un vrai lac de 8 à 12 mètres de profondeur par places; — l'eau aurait rempli jusqu'à 2 mètres au-dessus du sol l'écurie qui est à 100 mètres au nord du Gros Aven et dont le seuil est à 6 mètres au-dessus du bord le plus élevé de l'abîme; — la contenance de ce lac fut évaluée à 150 ou 200 millions de mètres cubes; subitement la glace qui obstruait les abîmes creva sous le poids de l'eau et l'action du dégel, et en une heure et demie tout le lac fut vidé; on ajoute que, pendant l'absorption, un immense dégagement de bulles d'air hors des abîmes projetait des volutes d'eau à 7 ou 8 mètres au-dessus des orifices.

L'abîme mesurant 103 mètres de profondeur il reste jusqu'à la Fontaine 360 mètres de dénivellation, soit pour 13 kilom. 700 une pente de 2 m. 627 pour 100 mètres.

Pente du fond du Gros Aven à Fontaine-l'Évêque. — Si l'on rapproche cette déclivité (à vol d'oiseau) de celles très diverses, matériellement constatées dans les cavernes à rivières souterraines (actuelles ou anciennes), de Bramabiau (Gard, 22 m. 50 p. 100 à vol d'oiseau, 12 m. 84 selon le développement de la galerie principale); Saint-Marcel (Ardèche, 3 m. 60 p. 100); Padirac (Lot, 1 m. 74 p. 100); les Combettes (Lot, 15 m. 45 p. 100); le Brudoux (Drôme, 3 m. 33 p. 100); Saint-Canzian (Istrie, 4 m. 7 p. 100); Adelsberg (Carniole, 0 m. 66 p. 100); Ingleborough (Angleterre, 2 m. 63 p. 100), etc., on peut conclure hardiment que, du fond des gouffres de Canjuers à Fontaine-l'Evêque, le cheminement des eaux doit s'opérer dans des conditions analogues à celles des exemples ci-dessus; c'est-à-dire qu'il est, de distance en distance, coupé de rapides ou de cascades de quelques mètres de haut tout au plus, mais non plus de hautes dénivellations en abîmes, si ce n'est à la traversée des failles de Bauduen.

Drainage des pluies par les avens. — N'oublions pas de retenir que, pour un unique point d'entrée pour l'homme, le Gros Aven de Canjuers révèle au moins six autres arrivées d'eaux souterraines qui, sans doute possible, y conduisent leur contingent de pluies; les trois tuyaux de la partie supérieure du grand puits, les deux avens et le couloir bouché des galeries du fond.

Par conséquent, c'est assurément par un nombre considérable de drains que le *Gros Aven* pour sa part contribue à soutirer les infiltrations de Canjuers; plus abondante encore est la quantité ignorée de ces *tuyaux de pipe*, dont l'orifice colmaté d'argile et imperceptiblement entr'ouvert, affleure la surface calcaire de tous ces plateaux.

Par centaines, par milliers peut-être, ces gouttières descendent dans le sol, portant finalement leur part d'infiltration au collecteur général qui débouche à Fontaine-l'Évêque.

Enfin, dernière analogie avec tout ce que j'ai déduit d'autres recherches, la température de l'air (8° C) et de l'eau (7°8 C), n'obéissant nullement au principe de la géothermique, préjuge à l'avance que cette fraîcheur des infiltrations des plateaux peut imposer aux températures de Fontaine-l'Évêque les variations saisonnières auxquelles j'ai fait allusion ci-dessus. C'est un point qui reste à vérifier.

Petit abîme n° 3 (fig. 24). — L'abîme n° 3 est la réunion d'un ensemble de crevassements et perforations taraudés à l'excès, qu'on trouverait curieux ailleurs mais qui, dans cette région trouée de toutes parts, ne retient pas autrement l'attention : profond d'une dizaine de mètres à peine, il se réunit en plusieurs crevasses, impénétrables ou colmatées, qui doivent engloutir personnellement un respectable volume de pluies et pourraient fort bien les conduire à l'une des trois rigoles en haut du puits de 65 mètres; en tout cas ce n° 3 est certainement une dépendance, plus ou moins directe, du Gros Aven.

Fig. 16. — Aven de la Nouguière.

Aven de la Nouguière. — L'aven de la Nouguière (n° 4) est bien placé sur le carte à 30 mètres ouest du chemin de la Nouguière, 4 mètres plus haut que la Gros Aven, c'est-à-dire à 877 mètres; il est pratiqué dans deux diaclases (nord-sud, et nord-ouest-sud-est); les photographies montrent à quel degré tous les abords en sont *rasclés;* la bouche proprement dite peut mesurer 20 mètres de longueur sur 3 à 4 de largeur, le plan (fig. 18) précise comment son orifice est environné de nombreuses petites rigoles d'amenée des eaux pluviales, et contigu à une petite cuvette ovale de 16 mètres sur 11, colmatée d'argile et cultivée en choux; pareille aux dépressions qu'on nomme *cloups* dans le Lot et *doline* dans le Karst, cette cuvette peut avoir l'une ou l'autre des trois origines suivantes : effondrement, obstrué après coup, d'une caverne sous-jacente (hypothèse la moins vraisemblable); orifice complémentaire et rebouché du gouffre antique; vasque d'érosion (colmatée) creusée par les eaux tourbillonnantes, soutirées jadis en bien plus grande masse qu'aujourd'hui par le gouffre même. Celui-ci, profond de 97 mètres [1] à pic est bouché, ou du moins ne montre que des fentes où l'eau seule peut trouver passage. La coupe ci-contre dressée par M. Le Couppey de la Forest montre la forme de l'abîme. J'admettrais volontiers que le fond est factice, bouchon détritique, qui pourra céder quand un fait comme celui de 1895 précipitera brusquement près de dix atmosphères de colonne d'eau dans l'aven de la Nouguière : alors Fontaine-l'Évêque sera très probablement rougie peu de temps après, et ensuite l'abîme sera peut-être débouché en bas et ouvert sur des galeries pareilles à celle du Gros Aven. J'ai déjà dit que le fond de celui-ci n'est que de 5 à 10 mètres plus bas.

Fig. 17. — Petit plan de Canjuers.

Menus abîmes. — Dans les gouffres n°s 5 à 8, la sonde ou la descente nous a donné 15 mètres de profondeur, du moins pour le premier gradin; peut-être ce gradin est-il suivi d'autres plus creux; explorer à fond toutes les ouvertures qu'une recherche détaillée ne manquera pas de révéler demanderait des semaines, même des mois; mais on risquerait de ne rien y apprendre de plus que ce que nous avons recueilli, car les deux plus profonds gouffres, se trouvant dans la plus basse dépression sont, bien entendu, ceux qui recueillent les plus grandes quantités d'eau et qui avaient le plus de chance d'être très creux; or, l'un est déjà bouché; tous les autres, moins ouverts et plus haut placés, plus près des pentes périphériques à ruissellements, ne sont que plus exposés à l'obstruction. Le n° 8 (alt. 925 mètres) doit être fermé à 15 mètres; son orifice (cassure nord-sud) n'a pas moins de 5 mètres sur 1 mètre. Toutefois il importerait d'en compléter la liste.

Bassin de la Béoubre. — L'ovale général du grand plan de Canjuers comprend, au

[1] Descendu pour la première fois le 30 juillet 1905 par M. Le Couppey de la Forest et L. Armand.

sud-ouest, une sorte de compartiment surélevé, séparé de la cuvette principale des deux grands abîmes par la crête de la Béouque (1,068 mètres, les gens de la Nouguière disent la Béoubre). Là aussi il y a, environ à 150 mètres en contre-haut, un bassin fermé où sont les granges de Bourju, Bastide-Neuve, la Citerne, etc... J'ai parcouru ce bassin sans y trouver de gouffres, fait naturel, car le terrain n'y est plus composé de calcaires dolomitiques, mais de ces calcaires gris clairs, retrouvés au fond du Gros Aven; ils sont tellement stratifiés, que l'eau a pu s'y infiltrer partout sans autres points d'engouffrement spécialement agrandis qu'une multitude de cloups dont plusieurs sont cultivés; c'est un anticlinal fort accentué qui a reporté ces calcaires à pareille hauteur, ainsi qu'il résulte des pendages (de sens opposé au bord est et au bord ouest) très aisément observables. Les pluies s'y absorbent sur place presque sans ruisseler et descendent au réseau souterrain.

Extension méridionale du bassin. — Du signal de Ruc (1,089 mètres) j'ai pu voir les capricieux accidents, tout à fait locaux, des dislocations tectoniques, et constater ainsi qu'il est prudent de comprendre dans le bassin probable d'alimentation de Fontaine-l'Évêque (et par un supplément d'extension vers le sud) l'étroit et long bassin fermé qui s'étend au nord de la montagne de Barjaude (1,175 mètres) jusque vers le Cabaret Neuf. Au fond de ce bassin (808 mètres au croisement des routes de Vérignon à Comps et de Canjuers à Montferrat) la culture est pratiquée, comme au plan de Majastre, sur un dépôt éocène de sables argileux. Du signal de Lagne également j'ai constaté que non seulement la crête de Lagne mais encore les sommités calcaires au sud du susdit bassin ont leurs couches inclinées en général vers le sud-ouest; or, comme l'oxfordien marneux et imperméable n'affleure que plus au sud encore, entre les montagnes de Barjaude et de Beau-Soleil et pas au-dessous de 800 à 900 mètres d'altitude, il y a toutes raisons de croire que, jusque vers le sommet de la Cabrière (1,130 mètres) le soutirage intérieur des infiltrations se fait par le nord, par les drains du côté de Canjuers, où le Gros Aven nous a montré des vasques d'eaux retenues à 770 mètres. De ce côté donc nous raccordons notre zone d'alimentation avec Vérignon, sur les lisières mêmes du bassin de la Nartuby aux formations géologiques bien plus anciennes (du bathonien au trias). Plus au sud, la Nartuby de Montferrat paraît posséder d'ailleurs son système particulier d'hydrologie souterraine.

Petit plan de Canjuers. — Les mots *petit plan de Canjuers* sont mal placés sur la carte à la crête d'Aiguines; il faut les reporter au sud-est dans le trapèze inscrit entre la grande Forêt et le signal de Lagne à l'ouest, la Serrière de Lagne au sud, la basse Artuby à l'est et le Verdon au nord [1].

[1] Un seuil peu prononcé (environ 922 mètres) fait communiquer le grand et le petit plan, entre les Bastides de la Barre et de Jaumet; de là, vers le nord-est, ils sont séparés par l'anticlinal de jurassique supérieur qui forme la crête, s'élevant graduellement jusqu'à Margiès (1,577 mètres). Il me paraît probable qu'un ancien niveau très élevé de l'Artuby venant de l'est a coulé jadis (à une époque géologique qu'on ne saurait préciser) vers l'ouest nord-ouest à la surface même des plans (qui peut-être n'avaient pas encore leur altitude actuelle). Deux bras s'y seraient subdivisés de part et d'autre du seuil de la Barre : l'un traversant le petit plan, l'autre le grand plan, en masses d'eau considérablement étendues, sinon très profondes; ce sont ces écoulements qui, capturés par les fissures du calcaire, ont opéré le creusement des abîmes; comme dans les Causses, le Jura, le Karst, j'incline à faire remonter ce travail à l'époque tertiaire; ce serait un gros problème que de rechercher les relations possibles entre ces anciens courants, — le creusement des vallées, — les mouvements tectoniques qui ont bouleversé la région (même après le miocène

On nous y a montré 18 gouffres, dont 11 ont pu être descendus et trois sondés. La carte n'en indiquait aucun; je les ai soigneusement repérés sur le 100/000e ci-annexé; il en existe certainement d'autres; le plus profond (altitude : 848 mètres à l'orifice) n'a pas moins de 155 mètres de creux et arrive donc à 693 mètres d'altitude. Voici le détail de nos observations sur chacun d'eux :

Petits abîmes. — N° 9. — A 500 ou 600 mètres nord de la Bastide de la Barre (900 mètres); altitude, 872 mètres; largeur d'orifice, 1 mètre; rigole très nette d'accès des eaux; profondeur sondée, 46 mètres. La descente a dû être arrêtée à 30 mètres, parce qu'en ce point un rétrécissement avait retenu un énorme bloc (trop gros pour être enlevé par nos moyens disponibles); de telle manière que la suite de la manœuvre eût pu le déloger et le faire tomber, au risque d'écrasement complet, sur l'homme et l'échelle qui auraient passé par-dessous. Le fond, aperçu au magnésium, apparut jonché de cailloux, on n'a pas pu se rendre compte s'il est fermé par la roche ou si des galeries latérales se prolongent.

N° 10. — A 250 mètres nord-est du précédent; ouvert dans le plein roc horizontal par 866 mètres d'altitude, en une fente (nord-sud) de 6 mètres de longueur sur 3 de largeur; 32 mètres de profondeur, dont 26 à pic et 6 pour la hauteur d'un talus de pierrailles et quartiers de rocs remplissant une salle sans issue pour l'homme; un petit trou presque bouché sert d'échappement aux infiltrations.

A 100 mètres ouest, dans une dépression colmatée d'argile et cultivée, une large citerne ouverte entourée d'un mur retient, pour les troupeaux, 4 m. 50 d'eau; la température, 19 degrés centigrades (le 2 août), écarte ici toute idée de source. On a multiplié tant qu'on a pu les réservoirs de ce genre. J'en ai vu deux autres entre le signal de Lagne et la Bastide Jaumet, à 960 et 910 mètres d'altitude, tout près d'un aven complètement bouché.

N° 11. — Sur la crête, à 947 mètres, dans la courbure même de l'anticlinal; profondeur, 35 mètres, dont 22 à pic et 13 pour la hauteur d'un talus raide, qui descend en galerie de 15 mètres de long et 0 m. 60 de largeur; plein de cailloux sans carcasses visibles. Immédiatement à l'ouest, plusieurs grands creux (cloups) vers 930 mètres d'altitude — profonds de 10 à 15 mètres, entourés de grandes dalles calcaires rasclées par les eaux, — ont été certainement le théâtre d'engouffrements d'eaux considérables; plusieurs fentes où l'on peut jeter des cailloux, y sont obstruées par de gros blocs (soit intentionnellement, soit du fait d'écroulements naturels) ou des paquets d'argile. Des travaux de déblais y provoqueraient certainement des possibilités de descentes plus ou moins fructueuses et profondes; entre la Barre et la cote 920 il y a là, au pied terminal de la crête de Margiès, toute une zone de creux, d'effondrements, de crevasses, infiniment accidentée par les dislocations du mouvement anticlinal, et par où la capture des eaux anciennes a pu s'opérer sur une vaste échelle.

supérieur), — et peut être aussi le dépôt des poudingues de Riez. Je n'ai pas à aborder ici ces difficiles questions, à propos desquelles M. Zürcher a déclaré (légende de la carte géologique, Castellane) «que le «jurassique et le crétacé arrivent à surplomber par recouvrement le miocène supérieur même — qu'il y «a eu des mouvements importants de dislocation et des plis anténummulitiques au début de la période «éocène» et que la «région est peut-être unique au point de vue de l'étude des difficultés de la tectonique». — J'indique seulement que, comme dans la plupart des régions calcaires, il y a témoignages certains d'un antique niveau supérieur des vallées et que le creusement des cañons du Verdon et de l'Artuby est relativement moderne et même inachevé (voir ci-après).

GRAND PLAN DE CANJUERS (Abîme de la Nouguière)
dressé par Mr. Le Couppey de la Forest.
Exploration du 30 Juillet 1905 (Profondeur totale : 97 mèt.)
Coupe
Plan de l'orifice de l'Aven de la Nouguière
par E. A. Martel.
Champ 16 m. sur 11 m.
Gouffre
Échelle
97 mèt.
NORD
Stratification sensiblement horizontale
Stratification discordante
Ossements de mule
Plan
Ossements
Échelle 1 : 1000
0 10 20 30 40 50 Mèt.
E. Morieu, Gr.
COUPE SCHÉMATIQUE DE L'AVEN
DU PLAN DE L'ORMEAU
d'après L. Armand (4 Août 1905)
841 m
20 m.
5 m.
Dôme
Diamètre 20 mèt.
Siphonnements
Argile
161 m
Argile
Échelle 1 : 1000
0 10 20 30 40 50 Mèt.

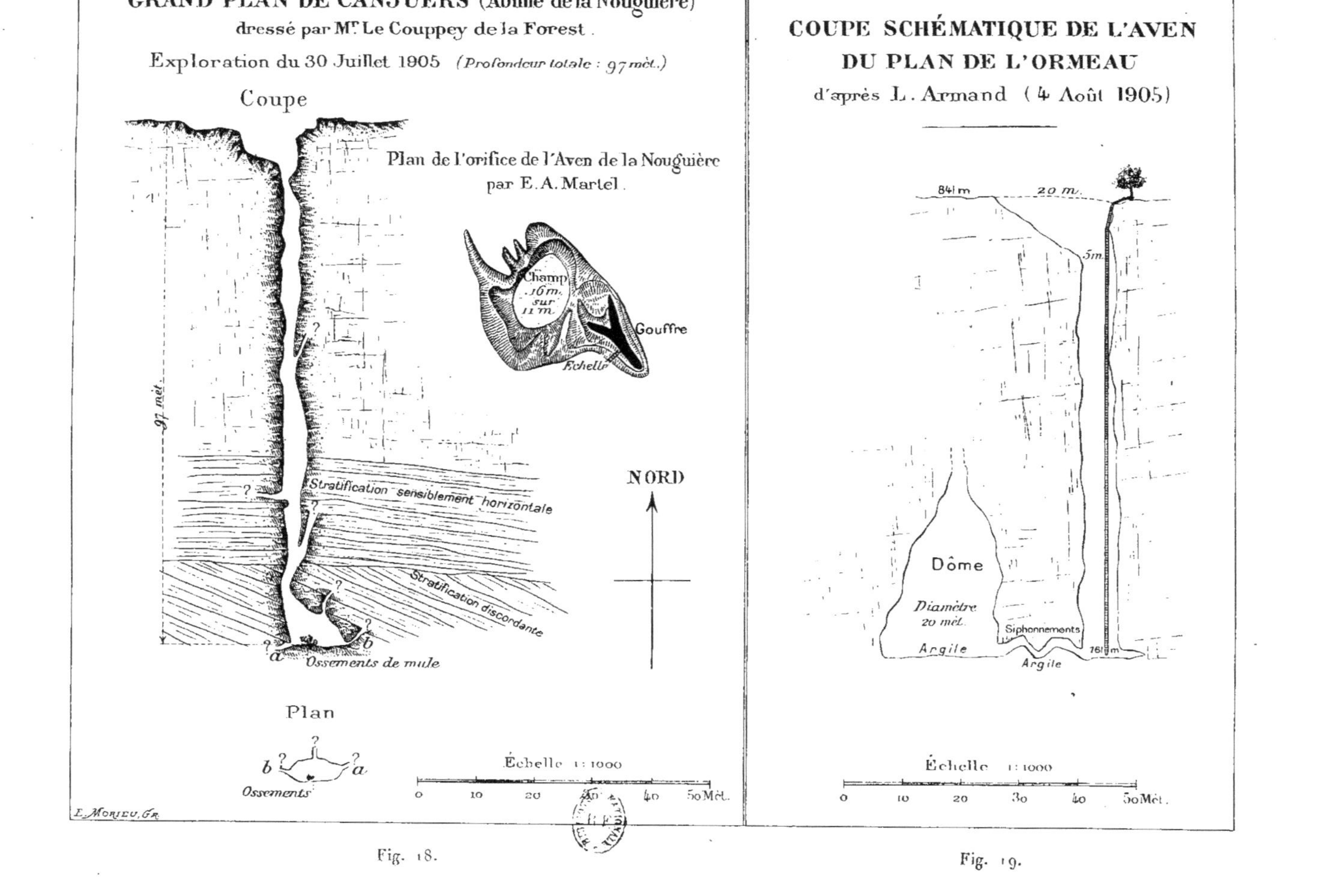

Fig. 18.

Fig. 19.

Plan
NORD
Cheminée
Puits de l'échelle
Puits
Coupe suivant ABCDEFGHI
90 mèt.
Gour avec de l'eau
Éboulis
Talus de 20 m de haut incliné de 60°
Talus de 30 m de haut incliné à 45°
65 mèt.
Puits de l'échelle
AVEN DU CLOS DEL FAYOUN
dressé par Mr. Le Couppey de la Forest
Exploration du 4 Août 1905.
Profondeur totale : 155 mèt.
Échelle 1:1000 (hauteurs et longueurs).
0 10 20 30 40 50 Mèt.
E. MORIEU, GR.

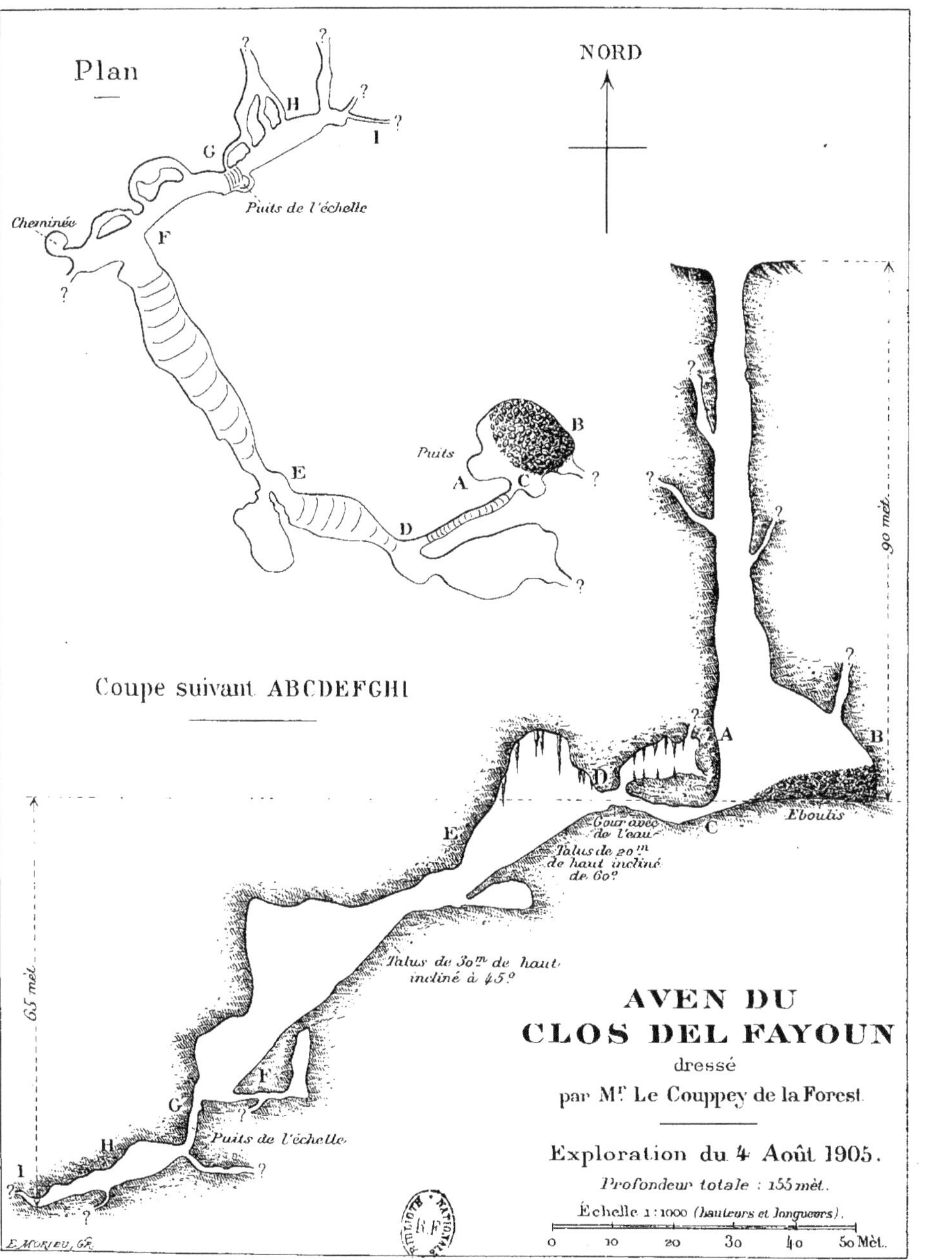

Fig. 20.

Aven du Clos del Fayoun. — N° 12. — Aven du Clos del Fayoun; altitude, 848 mètres; double fente nord-sud et est-ouest, avec des rigoles extrêmement nettes d'arrivée des eaux (fig. 20-22); contigu à un champ cultivé. Profondeur, 155 mètres[1]; le plus creux de tous ceux visités. En France, 7 à 8 seulement le dépassent[2].

Fig. 21. — Aven du clos del Fayoun. La descente.

Voici ce que nous enseignent, pareillement au Gros Aven de Canjuers, la coupe et le plan ci-joints dressés par M. Le Couppey de la Forest. Le premier grand puits, magnifique cheminée d'érosion, à pic sur 90 mètres de haut, recueille au moins quatre fissures-gouttières, drainant les infiltrations d'alentour. Au pied il y a changement évident de couches, passage du calcaire dolomitique diaclasé aux calcaires gris inférieurs très stratifiés. Le gouffre n'est pas bouché; la colonne d'eau rejette les cailloux de côté, déblaie le fond et laisse libre un caractéristique siphon inverse (vase communicant) fort resserré mais qui donne accès à une galerie très en pente et incurvée en demi-

[1] Descendu pour la première fois les 3 et 4 août 1905 par MM. Le Couppey de la Forest et Louis Armand.

[2] Chourun-Martin (Hautes-Alpes) au moins 310 mètres et peut-être 500 (exploré à 70 mètres seulement); Rabanel (Hérault) 212 mètres; Aven Armand (Lozère) 207 mètres; grotte du Paradis (Doubs) au moins 200 mètres (inachevé); l'Aussure (Lot) environ 200 mètres (exploré à 150 mètres); Vigne-Close (Ardèche) 190 mètres; Jean-Nouveau (Vaucluse) au moins 170 mètres (exploré à 163 mètres); Hures (Lozère) au moins 150 mètres (exploré à 130 mètres); Viazac (Lot) est bouché à 155 mètres. — En Italie, le Bus de la Lume aurait été sondé jusqu'à 259 mètres (en Vénétie); dans le Karst, deux gouffres dépassent 300 mètres (Trebič 322, en partie artificiel; Kačna Jama 305 mètres) et une douzaine, 200 mètres.

cercle; excavée aux dépens de joints de stratification fortement inclinés et des diaclases qui les recoupent, cette galerie a pu être suivie sur 110 mètres environ de longueur et 65 de profondeur depuis le bas du gouffre; exactement comme au grand dôme de Padirac les pentes qui relient les petits à pics intermédiaires sont parfois inclinées aux environs de 33°, parce que leur sol stalagmitique n'est alors que l'enduit de recouvrement des éboulis sous-jacents; ces éboulis, amas des blocs et pierrailles tombés jadis à des époques de plus grandes absorptions d'eau, ont été cimentés à la surface par la précipitation du carbonate de chaux des eaux de suintement, dans l'intervalle des engouffrements actuels; de belles stalagmites ornent des petites chambres latérales, œuvre des anciens remous ou tourbillonnements parmi des strates moins compactes.

Fig. 22. — Aven du clos del Fayoun. La grande diaclase.

L'une de ces salles renferme un petit *gour* ou bassin d'eau à 7°8 (l'air étant à 8 degrés, mêmes chiffres qu'au Gros Aven). Le fond atteint n'est pas fermé, mais les diverses fissures qui assurent l'échappement de l'eau sont trop étroites pour l'homme; à la dernière voûte adhéraient des herbes, délaissées par le dernier *jeu d'eau* comme la paille au Gros Aven. On voit quelles similitudes absolues se présentent avec ce dernier : une seule différence notable réside dans la forme des galeries inférieures, moins inclinées et plus complexes dans le Gros Aven, évidemment parce que le pendage du sous-sol y est moins fort. Mais le gouffre du Clos del Fayoun montre un mode de descente de l'eau non moins fréquemment rencontré que celui des galeries sub-horizontales. C'est le type en pente-cascades[1] succédant à la verticale. Au delà du point atteint, la chute doit, sans aucun doute, s'atténuer très considérablement. En effet, aux fissures extrêmes de l'aven du Clos del Fayoun, la différence de niveau avec Fontaine-l'Évêque est de 283 mètres; la distance, 17 kilom. 200, donne une pente pour l'écoulement de 1 m. 645 p. 100; c'est donc par des galeries sub-horizontales, que les eaux engouffrées continuent leur marche vers Fontaine-l'Évêque; les siphonnements (normaux ou inverses) doivent se présenter de distance en distance, en dessus ou en dessous des masses les plus compactes de roches. Leurs rétrécissements retiennent, en amont, les eaux des grandes infiltrations, dont ils limitent le débit comme de véritables vannes ou serrements naturels. Il faut que ces étroits goulots soient bien nombreux pour que les écarts connus de Fontaine-l'Évêque oscillent seulement entre les extrêmes, relativement modérés, de 3 mètres et demi à 15 mètres par seconde (un peu plus du simple au quadruple); alors que ceux de Vaucluse ont atteint de 4 mètres et demi à 150 mètres par seconde (proportion de 1 à 33) et que la plupart des résurgences des terrains calcaires ont des variations non moins considérables. Nous verrons en terminant notre rapport que cette quasi-régularisation naturelle de Fontaine-l'Évêque est une condition bien favorable aux travaux qu'on voudrait y exécuter.

N° 13. — A 300 mètres nord un cloup cultivé et un gouffre, bouché à 12 mètres; altitude, 845 mètres.

Plan de l'Ormeau. Fig. 19 et 23. — N° 14. — 800 mètres plus loin, l'*aven du Plan de l'Ormeau;* altitude, 841 mètres; imposante ouverture, fissure est-ouest de 20 mètres sur 5; profondeur, 80 mètres[2]. Celui-ci est bouché par l'argile, colmatant presque entièrement les petites fissures d'échappement de l'eau, comme à l'aven de la Nouguière; mais la coupe ci-contre montre la remarquable disposition siphonnante, qui fait communiquer le gouffre avec une salle unique voisine, toute circulaire, et indiquant bien la figure que prennent, sous les plateaux calcaires, ces cloches-citernes dont d'autres exemples fourmillent en tous les sous-sols explorés. Ici peut-être des déblaiements conduiraient à une série d'autres réservoirs analogues. Il est à peu près certain qu'un autre abîme, le

N° 15, distant de 80 mètres au nord-ouest, en forme d'entonnoir incliné, insondable et inexplorable à cause des broussailles et pierrailles qui l'encombrent — mais où les jets de cailloux révèlent environ 40 mètres de creux, — n'est qu'une dépendance plus ou moins directe du précédent.

N° 16. — Aven de Roumégou; altitude, 877 mètres; orifice de 5 mètres sur 1 m. 50 en fissure nord-ouest sud-est; sondé seulement jusqu'à 70 mètres; doit être étroit et tortueux, car le poids de sonde n'a pu remonter, accroché en route; la corde a cassé; à 35 mètres au-dessus du fond du petit plan, et bâillant sur une pente d'où dévalent les ruissellements, terres et cailloux de la sommité 1014, cet aven présente toutes

[1] Que j'ai trouvé au Marzal (Ardèche), au Scialet-Félix (Drôme), à Planagrèze (Lot), à Jean-Laurent (Vaucluse), à Rabanel même et dans cent autres gouffres qu'il serait trop long d'énumérer.

[2] Descendu par Louis-Armand seul, le 4 août 1905.

chances d'être bouché; je n'ai pas cru devoir y perdre la journée entière (sinon deux) qu'eût exigée une descente de perspective difficile et compliquée.

N° 17. — Plus haut encore; vu de loin seulement.

Aven des Cavaliers. — N° 18. — Altitude, 863 mètres; à 200 mètres nord de la Bastide des Cavaliers (853 mètres); sondé jusqu'à 36 mètres.

N° 19. — Au sud-ouest des Cavaliers, 845 mètres; double fissure en angle droit de 9 mètres;

Fig. 23. — Aven du plan de l'Ormeau.

N°s 20 à 24. — Cinq cloups très accidentés, plutôt que gouffres véritables; plus ou moins bouchés entre 12 et 18 mètres de profondeur; mais points d'absorption évidents, où des désobstructions découvriraient certainement de vieilles bouches d'abîmes.

N° 25. — Aven de Sardon, sous la Bastide de même nom, vers 810 mètres d'altitude; impossible à sonder et probablement aussi à descendre (sans déblaiement) à cause des broussailles et pierres croulantes qui encombrent l'entrée *oblique;* la chute de cailloux témoigne de 30 à 40 mètres de profondeur seulement; l'Artuby n'est qu'à 300 mètres, mais le pendage est vers l'ouest, à l'opposé de la rivière.

N° 26. — Existerait, d'après le fermier de Sardon, entre le Boï et les Amandiers.

Résumé. — En résumé, sur les quinze abîmes visités, quatre dépassaient 80 mètres de profondeur et deux ont montré avec précision comment les eaux y descendent dans l'intérieur du sol. Cela suffit pour assimiler complètement les Plans de Canjuers à tous les autres plateaux calcaires connus, quant à leur hydrologie souterraine, et pour conclure que l'exploration plus complète (qui exigerait beaucoup de temps et même de coûteux déblaiements) ne s'impose en aucune manière. Il suffira de rechercher, à la surface du sol, quels sont ceux des autres trous de cette écumoire, qui méritent d'être clos.

Fig. 24. — Petit aven n° 3 (p. 31).

Synthèse de divers groupes d'avens. — En somme, deux avens seulement nous avaient été signalés.

Notre carte en renferme 30, dont une quinzaine visités, sur lesquels quatre de 80 à 155 mètres de profondeur, doivent être considérés comme de grands et importants abîmes : le hasard a fait que ces quatre ont représenté les formes et accidents principaux rencontrés d'ordinaire dans ce phénomène hydro-géologique [1], savoir :

Fig. 25. — Campement à la Nouguière.

Fig. 26. — Montage des bateaux pliants.

a. Obstruction complète, pour l'homme au moins, au pied même du gouffre (aven de la Nouguière);

[1] Excepté la forme effondrement de bas en haut (Padirac), que j'ai toujours considérée comme exceptionnelle (à peu près dans la proportion de 1 à 10) et limitée aux épaisseurs de terrain de 100 mètres, opinion que les plans de Canjuers confirment une fois de plus.

b. Obstruction dans une cavité voisine, avec ou sans différence de niveau (plan de l'Ormeau);

c. Accès à une descente-cascade sur pentes à éboulis (clos del Fayoun);

d. Communication avec galeries sub-horizontales, faisant rivière souterraine, temporaire ou pérenne, selon l'abondance des eaux (Gros Aven de Canjuers).

Similitude absolue avec toutes les autres régions calcaires. — Par conséquent, la similitude absolue avec l'hydrologie souterraine de toutes les régions calcaires est complètement démontrée.

QUATRIÈME PARTIE.

L'ARTUBY ET SES PERTES. — LA FLUORESCÉINE.

L'Artuby concourt à l'alimentation de Fontaine-l'Évêque. — Nous avons vu que le premier document du dossier communiqué (carte annotée au 80,000ᵉ) énonce que, le débit total annuel de Fontaine-l'Évêque paraissant trop grand par rapport à la quantité de pluie tombée sur son bassin d'alimentation présumé, il faut en conclure, ou bien que la chute de pluie est plus grande qu'on ne le pense, ou même qu'il y a alimentation par l'Artuby. Les études antérieures à la nôtre avaient d'ailleurs fait connaître le régime éphémère de cette rivière dans sa partie inférieure; ses eaux en effet ne parviennent au Verdon que quatre mois par an, en deux fois (fin novembre à fin janvier et mi-avril à mi-juin). De notre côté, au début d'août 1905, nous avons constaté à plusieurs reprises et en divers points que toute l'Artuby inférieure était à sec, dès le confluent de la Bruyère, à Chardon, en aval de Comps.

C'est la conséquence de la nature géologique de cette gorge, merveilleusement pittoresque, encaissée de 150 à 200 mètres dans des calcaires jurassiques supérieurs, fissurés et disloqués à l'excès, où les points d'absorption des eaux d'orages doivent être extrêmement abondants, et où, d'une manière générale, le pendage des couches est dans la direction de Fontaine-l'Évêque. Elle ressemble de frappante manière aux gorges de la Nesque qui, par rapport à Vaucluse, jouent le même rôle alimentaire en absorbant vers Sault et Monieux les eaux de la Nesque et de la Croc.

A l'endroit même où les eaux de l'Artuby disparaissaient dans le sol à Chardon, soit à 30 kilom. 600 à vol d'oiseau, de la source de Fontaine-l'Évêque, M. Le Couppey de la Forest déversa, le 14 août, 20 kilogrammes de fluorescéine. Cette expérience ne fit que confirmer les hypothèses ci-dessus rappelées relativement à l'extension du bassin de Fontaine-l'Évêque et montra, ainsi qu'il était prévu, que l'Artuby concourt à l'alimentation des différentes émergences du groupe de Fontaine-l'Évêque.

Quant au Jabron, il est possible qu'à Trigance il subisse une perte qui concoure aussi très partiellement à l'alimentation de Fontaine-l'Évêque.

CINQUIÈME PARTIE.

LE VERDON.

La dernière partie de notre étude consistait à rechercher si, comme l'Artuby, le Verdon lui-même ne subissait pas de pertes, ou au contraire s'il n'était pas notablement grossi par des émergences pouvant provenir des avens de Canjuers.

Le Grand Cañon du Verdon. — Cette recherche a été la portion la plus difficile de toute l'excursion, la plus curieuse aussi, par son pittoresque aussi extraordinaire qu'ignoré. En effet les 21 kilomètres de gorges qui s'étendent du confluent du torrent de Baus (au pied de Rougon), c'est-à-dire de l'entrée proprement dite du Grand Cañon jusqu'à la sortie de ce cañon (à 2 kilom. 500 en amont du pont d'Aiguines) étaient, on peut le dire, en partie inconnus. Seuls les coupeurs de buis de la région s'aventuraient dans les abîmes de la gorge mystérieuse, profonde à certains endroits de 600 à 700 mètres, et la plupart du temps si étroite qu'on ne saurait songer à y établir aucun chemin. Deux tentatives infructueuses avaient été faites antérieurement pour la descendre ou la remonter, par MM. Armand Janet et Évelain.

Fig. 27. — Entrée du grand cañon du Verdon. — Vue du plateau des fossiles.

Enfin depuis quatre ou cinq ans les opérations commencées par la Société des grands travaux de Marseille pour la construction d'un canal (presque tout le temps en tunnel et sur la rive droite) depuis Rougon jusqu'au Galetas (sortie du cañon) avaient rendu moins péniblement accessibles plusieurs points de la crevasse; de la Palud, et par les soins de M. Teissier, ingénieur de ladite Société, plusieurs sentiers (fort rudimentaires encore et souvent vertigineux) ont été tracés.

Donc, par tronçons en somme et seulement, le cañon avait été visité; d'en haut surtout, de rares curieux en avaient aperçu très insuffisamment le bas; trois passages au moins, celui de l'entrée même, en amont de la Baume aux Pigeons, celui du Pas de l'Imbut et celui de la Basse Ralingue (sous la petite forêt) n'avaient jamais pu être forcés au fil de l'eau; enfin personne encore n'avait effectué le parcours entier et continu du Bans au Galetas.

Fig. 28. — Entrée du grand cañon du Verdon. Vue de l'entrée même.

Notre descente (*11-14 août*). — Nous y avons réussi les premiers, les 11, 12, 13 et 14 août 1905, grâce surtout à l'obligeance de M. Teissier, qui voulut bien organiser, aux points accessibles depuis la Palud, les équipes de ravitaillement et de secours nécessaires pour nous prêter assistance; grâce aussi à l'endurance et à l'énergie des quatre auxiliaires[1] employés une bonne moitié du temps aux pénibles portages des barques. J'ai raconté ailleurs[2] les péripéties et les splendeurs de cette fantastique descente qui, comme un des plus étranges spectacles qu'il soit possible de voir, méritait un

[1] Blanc, instituteur à Rougon; Audibert (Léon-Julien-Joseph), candidat garde forestier; Carbonnel et Audibert jeune, tous aussi de Rougon.

[2] Tour du Monde, 8 et 15 décembre 1906 (en collaboration avec M. A. Janet).

récit circonstancié et la comparaison (toutes proportions gardées) avec celle du fameux grand cañon du Colorado.

Fig. 29. — Étroit des blocs de Samson.

Fig. 30. — Chaos de la Baume-aux-Pigeons.

Pertes et captures souterraines. — Les pertes que je recherchais sur les rives du Verdon, dans son grand cañon, avaient été niées en 1879 dans un rapport préliminaire par M. Dieulafait, qui ne croyait pas à la possibilité d'infiltrations, la rivière coulant selon lui sur l'oxfordien marneux imperméable et au-dessous du corallien (tithonique

Fig. 31. — Chaos de la Baume-aux-Pigeons, vue opposée.

Fig. 32. — Etroits des Baumes-Fères.

fissuré). Mais un autre rapport (1880) de M. Potier, — véritablement prophétique quant aux réelles manières d'être (reconnues depuis lors) des écoulements souterrains dans les calcaires en général, — admettait parfaitement la possibilité de telles captures. Les récentes explorations hydro-géologiques en ont multiplié les exemples connus[1].

Fig. 33. — Gué des Baumes Fères.

Fig. 34. — Gué du Pas-de-l'Estellié.

Il n'est plus loisible de les considérer comme des exceptions. La carte géologique plus récente encore (1887-1894) de M. Zürcher et les études qu'elle a nécessitées per-

(1) Danube à Immendingen (Bade), Lesse à Han et à Furfooz (Belgique), Lomme à On (Belgique), Jonte dans la Lozère, Doubs à Arçon, Cesse à Minerve (Hérault), Tardoire (Charente), etc.

mettaient aussi de les prévoir; car les trois quarts du grand cañon y sont figurés dans le jurassique supérieur (escarpements tithoniques, saccharoïdes, dolomitiques, rudimentairement stratifiés mais *diaclasés* verticalement), et l'élément marneux n'y apparaît que dans les cinq derniers kilomètres, à partir de Mayreste et surtout sur la rive gauche. Ceci est absolument exact : on peut ajouter seulement que les calcaires gris régulièrement stratifiés (j^4 de la carte), que les plissements anticlinaux ont relevé si haut à Sauvechane (S. O. de Comps) à la Béoubre (S. O. du grand plan de Canjuers), etc., se montrent en plusieurs points du cañon; ces points sont précisément les plus larges, parce que ces calcaires se prêtant, par suite de leur morcellement en tous sens — et bien mieux que ceux qui les surmontent — aux effets destructeurs de l'érosion, forment des talus, très raides il est vrai, au lieu de parois à pic encaissant étroitement la rivière : c'est pourquoi le cañon se montre alternativement rétréci à l'entrée,

Fig. 35. — Portage au Pas-de-l'Imbut.

à la Mescle, de Guèges à Cabrielle, ou dilaté (de la passerelle de l'Escalès aux Baumes Fères, en amont de la Mescle; sous Guèges et à partir de Cabrielle), selon qu'il s'est creusé dans les calcaires compacts diaclasés ou dans les calcaires bien stratifiés. Nous retrouvons ici, remarquons-le bien, la structure lithologique et la différenciation d'allure dont le Gros Aven de Canjuers nous a donné la si curieuse coupe naturelle, avec ses deux premiers grands puits, d'ensemble 90 mètres, dans des diaclases, et avec ses galeries basses d'échappement entre des joints de stratification, ainsi que nous l'avons noté ci-dessus.

En fait, nous avons eu la surprise en arrivant à la Mescle (altitude, 548 mètres), à ce coude si aigu que décrit la rivière, de voir un filet du Verdon s'engager dans le thalweg de l'Artuby (alors à sec), par une bifurcation qui est une véritable *capture;* car, à moins de 100 mètres de distance, ce filet d'eau disparaît dans les graviers de l'Artuby, réalisant cette anomalie que le cours d'eau principal est absorbé par son affluent.

En établissant un petit barrage, M. Janet a pu calculer que le débit visible de cette dérivation du Verdon était à peine de 20 litres par seconde.

Mais une bien plus grande quantité, échappant à tout jaugeage, doit s'infiltrer à travers les amas de gros galets qui forment barre au débouché même de l'Artuby; et à quelques mètres en amont, sur la rive gauche du Verdon, une grande diaclase, parallèle à la rive droite de l'Artuby, doit très probablement engloutir invisiblement une partie des eaux du Verdon, ici assez profond.

Fig. 36. — Perte et «grille» du Pas-de-l'Imbut.

Cette perte n'est sans doute pas la seule. Par contre il est également possible que ces eaux absorbées fassent, à l'aval, retour au Verdon lui-même, à de petites distances, en donnant naissance à des sources de fond. Nous savons d'ailleurs que, selon certains renseignements, il existerait dans le lit du Verdon de ces sources de fond; nous n'avons pas pu les reconnaître; mais si elles existent elles peuvent provenir tout aussi bien de pertes et de réapparitions du torrent que d'infiltrations venues des plateaux. En l'état, nous ne saurions nous prononcer.

Jaugeages à faire dans le grand cañon. — Peut-être ne serait-il pas impossible d'évaluer à peu près l'importance de ces dérivations (évaluation pour laquelle toute base nous fait actuellement défaut), en comparant entre eux les débits du Verdon à l'entrée du cañon (mais à l'aval du Baus) et au-dessous de Mayreste (pour rester en amont des apports latéraux provoqués par l'affleurement de l'oxfordien). Il se pourrait fort bien qu'on trouvât une différence notable en moins à l'aval, si les pertes existent réellement

Fig. 37. — Sommet du cañon de l'Artuby.

Fig. 38. — Ancien lit de l'Artuby (à Sardon).

et sont de quelque importance : nous n'avons bien entendu pas cherché à l'apprécier au jugé. Il y aurait lieu aussi de tenir compte des apports qui parviennent au Verdon le long de ses murailles. Or, et c'est là une seconde et importante constatation que nous avons pu faire, ces apports ne sont visibles qu'en nombre des plus restreints.

Tributaires du grand cañon. — On aurait pu croire que, comme pour les cañons du Tarn, de la Dourbie, de la Vis et autres profondes entailles des causses, des *résurgences* latérales plus ou moins puissantes et sortant du pied des falaises, ramenaient au Verdon les eaux engloutics par les fentes des hauts massifs calcaires encaissants, et notamment par les avens de Canjuers : or il n'en est absolument pas ainsi. Si ces sources latérales

Fig. 39. — Cañon de l'Artuby (à Sardon).

existaient réellement elles n'auraient pu nous échapper, par suite de l'état extrêmement bas des eaux du Verdon. Sur les 21 kilomètres du cañon il n'y a pas une seule de ces *foux* qui, pour le Tarn, par exemple, d'Ispagnac au Rozier, dépassent le nombre de quarante. Le fossé du Verdon ne draine donc pas même le sous-sol du petit plan de Canjuers, tout percé de trous 300 mètres plus haut (sous réserve du rôle indécis des sources de fond dont il a été question ci-dessus); et la muraille (un des plus beaux à pic du cañon, 330 mètres absolument verticaux) qui termine brusquement ce plan à 500 mètres Nord de la Bastide des Cavaliers présente justement une compacité qui contraste singulièrement avec la fissuration du plateau ; ce n'est pas par des trous de cette muraille que débouchent les infiltrations. Sur un seul point de la rive gauche, en face de la Maline et en dessous de la grande forêt, les coupeurs de buis ont connaissance, paraît-il, d'une source temporaire, rendant, après les pluies, l'excès sans doute des infiltrations des environs de la Grande Forêt. Bref, les affluents *visibles* du cañon se réduisent (à l'étiage au moins, quand l'Artuby est à sec) à une demi-douzaine à peine, savoir : le ruisseau de Mainmorte (rive droite), descendant de la Palud et tombant en très mince cascatelle par dessus une barre de rochers; une

Fig. 40. — Sortie du grand cañon.

petite source ferrugineuse (rive droite) un peu en amont de Mayreste; les cascatelles dites *de Saint-Maurin* (rive droite), nées au-dessus de la grande route, et qui continuent quotidiennement d'augmenter leurs puissants et séculaires dépôts de tufs; un peu en aval, mais sur la rive gauche, un petit groupe de trois ou quatre sources, provenant de la crête d'Aiguines.

Rareté des émergences riveraines du Verdon. — Mais on ne pourra jamais savoir si un certain nombre de petites sourcettes, disparues en terre presque aussitôt que nées, sur les hauteurs d'Entreverges, du Jas d'Aires, de Margiès, etc., finissent par rejoindre le Verdon sous le fond de son lit, ou sont définitivement perdues pour lui, étant attirées vers le réseau souterrain de Fontaine-l'Évêque.

Fig. 41. — Le grand cañon du Verdon, vue du petit plan de Canjuers (les Cavaliers). Vers l'amont.

Barrages du Verdon. — Il est une autre considération dont la descente du Verdon a fait voir l'intérêt, c'est celle qui touche les projets éventuels de barrage du torrent du côté d'Aiguines : de tels projets en effet devront très soigneusement faire entrer en ligne de compte l'extrême fissuration de certaines portions des rives, car cette fissuration pourrait être fort préjudiciable à l'étanchéité des réservoirs créés par l'exécution de barrages. J'attire tout spécialement l'attention sur ce point.

SIXIÈME PARTIE.

RÉSULTATS OBTENUS OU CONFIRMÉS, TRAVAUX À FAIRE, CONCLUSIONS.

Origine et alimentation de Fontaine-l'Évêque. — En définitive on peut dire que Fontaine-l'Evêque est *l'issue principale d'un courant souterrain, constitué par la concentration progressive d'apports d'origines diverses :*

1° Les infiltrations des chutes pluviales ordinaires, à travers les innombrables fissures existant dans les terrains qui constituent l'immense périmètre d'alimentation de Fontaine-l'Évêque;

2° Les infiltrations plus rapides des orages ou des grandes chutes pluviales par les avens ou gouffres des plans ou plateaux de Canjuers, etc.;

3° Accessoirement les pertes des rivières voisines (Verdon, Artuby, Jabron même) drainées en partie par cette source, ainsi qu'on le supposait depuis longtemps, et ainsi qu'une expérience à la fluorescéine a permis de le démontrer tout au moins pour la saison sèche.

Fig. 42. — Le grand cañon du Verdon, vue du petit plan de Canjuers (les Cavaliers). Vers l'aval (profondeur, 330 mètres).

Cette concentration s'opère à l'intérieur des plateaux calcaires dans un *réseau* extrêmement complexe de fissures et cavités de toutes sortes, de formes, de capacités et d'inclinaisons extrêmement variées; c'est ce réseau qui équivaut, *en théorie*, mais *non en réalité*, à un réservoir unique et permanent alimentant la Fontaine.

Le courant souterrain qui nourrit Fontaine-l'Évêque débouche dans la vallée drainante du Verdon par un delta de ramifications latérales comprenant :

1° Une branche ou artère principale à Fontaine-l'Évêque même, branche pérenne;

2° Un groupe de saignées ou de fuites latérales un peu plus bas placées et espacées entre Fontaine-l'Évêque et Sambuc, pérennes également;

Fig. 43. — Au bord du cañon, près Mayreste. (Entre-deux, 300 mètres de falaises.)

Fig. 44. — Au fond du cañon : un rapide.

3° Un double groupe de trop-pleins à Garruby (n°s 13 à 44) situés de 10 à 35 mètres plus haut que Fontaine-l'Evêque et tous fonctionnant de façon intermittente à deux ou trois exceptions près.

Examen des projets proposés. — Ceci établi, voyons quels sont les projets proposés pour la meilleure utilisation de Fontaine-l'Évêque.

Quatre projets ont été mis en avant pour amener en tout temps et en toutes circonstances au Verdon les 4 mètres cubes dont on ne peut le priver :

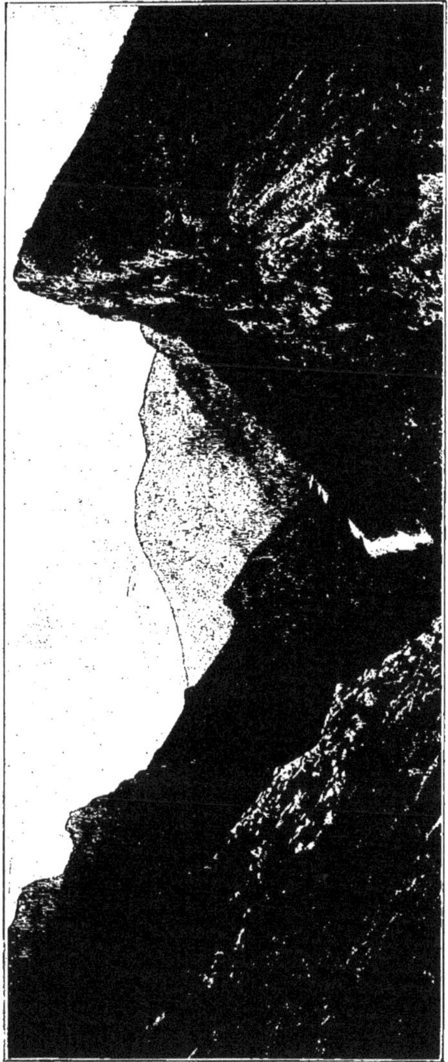

Fig. 45. — Vue de la dernière partie du grand cañon.

1° *Réservoir du lac d'Allos.* — Transformation du lac d'Allos en réservoir de 30 à 45 millions de mètres cubes par surélévation de son niveau, obtenue en obstruant l'entonnoir-déversoir souterrain de Chadoulin. Nous n'avons pas à l'examiner.

2° *Barrages du Verdon.* — Barrages du cours du Verdon pour la création de réservoirs artificiels. Je renverrai simplement à l'observation faite ci-dessus, p. 52.

3° *Captage à un niveau inférieur.* — La recherche d'un supplément d'eau par la rencontre d'un vaste réservoir inférieur à l'émergence de Sorps a été aussi préconisée; quant à moi *j'en nie formellement et absolument la vraisemblance.* L'eau n'a pas une température assez haute pour provenir d'un grand et bas bassin dont la géothermique réchaufferait forcément la masse. L'écart de l'étiage aux crues (quoique plus faible qu'à Vaucluse) reste trop grand encore pour laisser concevoir un tel récipient qui serait forcément plus régularisateur. Les troubles qui ont lieu parfois démontrent qu'il n'y a pas de bassin de décantation.

4° *Le serrement.* — Reste le relèvement piézométrique des eaux dans les fissures intérieures des plateaux par le moyen d'un *serrement* à Sorps.

Les instructions reçues de M. le Directeur de l'Hydraulique et des Améliorations agricoles, comme devant servir de base au présent rapport portaient entre autres énonciations qu'« un projet a été conçu, ayant pour but d'aveugler Fontaine-l'Évêque *et les émergences secondaires* et d'emmagasiner, dans les cavités existant sous le plateau, de l'eau en quantité ».

Je me déclare *nettement partisan* de cette idée, sous réserve de laisser libres les émergences secondaires, Garruby surtout, destinées à fonctionner comme *soupape de sûreté*, j'expliquerai tout à l'heure pourquoi.

Un tel travail est ce que l'on appelle un *serrement*, procédé de rétrécissement des orifices (imaginé en 1856 par l'ingénieur belge Dumont) et qui *n'a pas encore complètement fait ses preuves*, en fait d'application aux résurgences proprement dites, c'est-à-dire aux grandes émergences des terrains fissurés.

Il en a été tenté jadis un essai fort malheureux à la grotte de *Milandre*, près Délemont (Jura suisse) : connaissant l'intérieur de cette caverne et l'issue naturelle du ruisseau qui la parcourait, on creusa un puits aboutissant à la salle principale de la grotte, puis on mura l'issue de l'eau pour la faire refluer dans le puits; mal construit sans doute, le barrage creva avant que le résultat eût été atteint.

On avait songé à pratiquer le serrement à la superbe émergence de l'Alviella (Portugal) qui, depuis vingt ans, alimente Lisbonne en eau potable; mais on a reculé devant les risques de l'entreprise.

Opinions diverses sur cette méthode. — Il faut bien se pénétrer, en effet, que ces risques sont gros; aussi je crois nécessaire d'emprunter de probantes citations à d'éminents hydrologues qui, tout récemment, ont particulièrement discuté la question des serrements en terrains fissurés, j'ai nommé MM. E. Van den Broeck, Imbeaux, Villain, Bigot, Lecornu, etc...

Voici d'abord comment s'exprime M. Van den Broeck à propos du *dispositif des « serrements » appliqué aux terrains aquifères meubles et dans les terrains rocheux fissurés*[1].

« Ce dispositif de retenue des eaux a pour but de relever le niveau des eaux souterraines en amont du captage.

« Dans son étude hydrologique intitulée : les sources des vallées de l'Ourthe, du Hoyoux et du Bocq, M. l'ingénieur E. Putzeys avait nettement condamné l'application des serrements aux terrains calcaires, alors qu'il préconisait au contraire ce dispositif pour les dépôts aquifères meubles et sableux, même les moins consistants.

« M. Verstraeten défend une thèse diamétralement opposée à celle de M. Putzeys.

« Contrairement, dit-il, à ce qui a été soutenu, un serrement dans les sables boulants est une *hérésie*, et celui construit sous les bois de la Cambre, si *jamais il fonctionne*, ne sera que *compromettant* pour l'ouvrage qu'il traverse; au contraire un serrement sera de *bonne application dans les calcaires du Condroz* à la double condition d'être installé sous la nappe minima et encastré dans un massif compact et résistant.

« Or, le dispositif de serrement qu'a fait édifier M. E. Putzeys successivement en quatre points différents du bois de la Cambre et de la forêt de Soignes, en plein sable aquifère et mouvant, bien loin d'être, comme le disait M. Verstraeten, une hérésie et

(1) E. Van den Broeck, « Le dossier hydrologique des calcaires », *Bulletin de la Société belge de géologie*, t. XI, 1897, fascic. V, publié en avril 1901. Bruxelles.

de compromettre quoi que ce soit, a partout ici constitué une réussite splendide! Il permet de reconstituer d'énormes réserves aquifères.

«Mais M. l'ingénieur Putzeys a raison de condamner au contraire l'application des serrements aux terrains fissurés.

«On peut modifier, par de pareils relèvements des réserves et des écoulements souterrains, le régime aquifère et de circulation de ces terrains à si larges fissures et à cavités intérieures.

«Le relèvement gradué des eaux souterraines leur fera rencontrer d'autres débouchés, amènera des points nouveaux de suintement et même de jaillissement, apparaissant alors sous forme de sources nouvelles, d'émergences plus élevées que les régions de captage.

«Les eaux peuvent ainsi être envoyées à grande distance par l'intermédiaire des canaux supérieurs nouveaux — et restant inconnus — inconsciemment mis à leur disposition.

«Il convient donc de condamner absolument le principe de l'adoption des serrements pour les massifs calcaires fissurés, en vue d'en augmenter le rendement comme eau alimentaire.

«Cette prescription, qui s'applique seulement aux massifs rocheux des calcaires dévoniens et carbonifères de Belgique si fortement bouleversés et plissés, n'aura pas la même rigueur, évidemment, dans son application aux calcaires réguliers et horizontaux, ou bien obliques ou légèrement ondulés, tels, par exemple, que ceux de la série jurassique qui constitue l'élément de la ceinture secondaire du bassin de Paris.

«Les beaux travaux d'hydrologie appliquée de M. l'ingénieur Imbeaux, consacrés à l'étude d'un projet d'alimentation d'eau pour la ville de Nancy, montrent un bon cas de régularité et d'homogénéité d'assises calcaires d'âge jurassique, à peine entrecoupées de rares failles et dérangements de terrains.

«Il est parfaitement possible, avec les dispositions de ces couches calcaires du jurassique entourant le bassin de Paris, et notamment la Lorraine, d'arriver, à l'aide de forages de communication, judicieusement disposés d'une part, et de l'application de galeries avec serrements appropriés d'autre part, à établir, dans de tels massifs calcaires, des dispositifs de drainage alimentaire dans lesquels la mise en communication de «nappes circulatoires» distinctes et superposées et le relèvement artificiel des réserves aquifères n'auraient nullement les inconvénients qu'offriraient de tels dispositifs dans nos calcaires rocheux plissés, redressés et largement fissurés (de Belgique). Seule une étude géologique détaillée peut permettre d'apprécier, en de tels cas, l'opportunité ou les inconvénients de travaux de ce genre, et seule elle pourra indiquer les mesures de protection à prendre si on les exécute.»

En somme, M. Van den Broeck, tout en n'approuvant pas, en principe, l'application des serrements en terrains fissurés, admet qu'en certains cas, judicieusement discutés, elle n'est pas impossible. De leur côté, à l'occasion du captage des eaux de la forêt de Haye par la ville de Nancy, MM. Imbeaux et Villain exposent ce qui suit :

«La construction des serrements aura précisément pour effet de régler le débit à volonté.

«La porte de fermeture, de construction très solide, assurera quand il sera en charge l'isolement du tronçon amont. L'eau de ce tronçon ne pourra donc plus s'en échapper par la voie ordinaire, et envahira de proche en proche les terrains perméables qui s'étendent à droite et à gauche de la galerie. Si la fermeture du serrement persiste longtemps, on peut arriver ainsi à reconstituer les conditions naturelles d'équilibre que la *nappe* (?) aquifère affectait avant le captage, c'est-à-dire à récupérer les réserves que les terrains emprisonnaient autrefois.

« On constitue de la sorte, pendant les périodes de grandes eaux, des réserves qui restent emmagasinées souterrainement aussi longtemps qu'on veut et qu'on reprend au moment opportun, notamment lors des périodes de sécheresse.

« La pratique des serrements a donné à Liège et à Bruxelles les résultats les plus avantageux.

« En terrains calcaires les cassures font certainement appel aux eaux des régions voisines par l'intermédiaire d'un réseau de fissures, plus ou moins complexe qui transmet au loin l'action drainante, et on peut espérer attirer de cette façon, à peu de chose près, toute l'eau du réseau de cassures. »

(Imbeaux et Villain, *Captation des eaux souterraines de la forêt de Haye*, Nancy, 1902.)

Enfin, à propos de Cherbourg, MM. Bigot, Lecornu, etc., déclarent que :

« Le débit peut être augmenté grâce aux serrements avec robinet de jauge qui sont usités en Belgique.

« Mais cette disposition ne peut être efficace qu'à la condition que le réservoir souterrain, dont le robinet de jauge règle l'écoulement, satisfasse aux conditions suivantes :

« 1° Il doit être suffisamment étanche du côté aval pour que l'écoulement retardé par le robinet de jauge ne puisse pas être dévié vers un autre orifice;

« 2° La capacité du sol pour l'eau doit être suffisante pour emmagasiner avec un écoulement plus ou moins réduit, une quantité d'eau supérieure à celle qui correspond au maximum de débit dans les conditions normales d'écoulement;

« 3° En raison de l'usage auquel ces eaux sont destinées, le relèvement de la surface hydrostatique doit se tenir dans des limites telles que la surface piézométrique soit assez éloignée de la surface du sol pour que les eaux aient à traverser une épaisseur suffisante capable d'assurer l'épuration.

« Ainsi les serrements peuvent présenter des inconvénients dans des régions calcaires où le relèvement de la surface hydrostatique risque, par l'amorçage de véritables siphons souterrains, de créer à l'eau de nouvelles issues et d'en déverser au loin une partie plus ou moins considérable qui échappera ainsi aux galeries drainantes. »

(Bigot, Lecornu, Louïse et Nicolle, *Études de sources pour Cherbourg-Caen*, Lanier, 1902.)

Enfin, dans son récent et si important ouvrage, *Étude sur les sources* (1905), M. l'inspecteur général L. Pochet, n'émet aucun doute sur l'application des serrements (qu'il nomme vannes de contrecharge) aux terrains compacts; il conseille seulement de « ménager une certaine épaisseur de massif résistant, étanche et bien soudé avec le terrain exploré » (p. 497).

Le serrement est-il possible à Fontaine-l'Évêque? — En résumé, le principal écueil des serrements en terrains fissurés est la crainte de voir s'ouvrir de nouveaux débouchés latéraux aux eaux souterraines, dont on aura relevé le niveau piézométrique ou hydrostatique, jusqu'à la hauteur de points d'échappement qu'elles n'atteignaient pas antérieurement.

Ce risque peut-il être encouru à Fontaine-l'Évêque? Voilà la vraie question qui se pose.

Or, je n'hésite pas à y répondre *négativement* pour les diverses raisons suivantes :

1° Le pendage général des calcaires de Majastre, Canjuers, etc., est si nettement accentué (sauf dislocations locales et plissements de détail) dans l'ensemble, vers Sorps qu'il faut considérer comme certain le drainage de la plus grande partie de leurs eaux souterraines par le versant du Verdon; le déversement vers les thalwegs du Sud ne saurait être que restreint, ces thalwegs s'ouvrant à des altitudes supérieures à celui du Verdon;

2° Le relief du sol est tel, dans la région, que des débouchés nouveaux ne pourraient crever que le long de la vallée du Verdon, entre les Barres d'Aiguines et les Salles. Or, partout, la rive gauche du cours d'eau est couverte d'un placage miocène imperméable (poudingues de Riez) qui certainement s'opposerait à l'échappement des eaux souterraines relevées. La preuve en est que le calcaire jurassique n'affleure sous ce manteau qu'en deux points, à Garruby, et de Sambuc à Sorps; et c'est justement là que sont les émergences principale et secondaires; donc il n'a pas pu et il ne pourra pas s'en former d'autres ailleurs;

3° Les émergences de Garruby qui (cela est surabondamment démontré) sont bien certainement des *trop-pleins* du réseau souterrain général de la région, trop-pleins de débordement qui ne fonctionnent qu'après les crues, sont de 10 à 35 mètres plus haut situés que Fontaine-l'Évêque : donc, quand ils déversent, il y a remplissage du réseau de toutes les fissures intérieures, entre Garruby et Sorps, sur toute cette hauteur, c'est-à-dire avec une à trois atmosphères et demie de pression.

Quel sera le cube emmagasiné après le serrement sur les 4 kilomètres d'étendue souterraine qui séparent les deux points (Garruby et Sorps), c'est ce que je me garderai bien d'évaluer. Mais il est clair que la mise en charge se propagera très haut dans les fissures verticales de la montagne, de bas en haut des *tuyaux de pipe* des avens, raccordés par les aqueducs en pente douce ou par les cascades, du type révélé au Gros-Aven et au Clos del Fagoun. Or, cette pression hydrostatique complémentaire, qui subsiste tant que les Garruby s'écoulent, n'a jusqu'à présent provoqué la perforation d'aucun autre déversoir additionnel.

Et ces considérations conduisent au raisonnement d'application que voici :

Effet probable du serrement à Fontaine-l'Évêque. — En rétrécissant Fontaine-l'Evêque (surtout si on peut établir le serrement souterrain assez en amont pour supprimer les saignées 2 à 8[1]), on ralentira son débit de crues; mais on prolongera par contrecoup celui de Garruby, puisque le serrement aura pour effet de retarder la vidange des parties supérieures et lointaines du réseau aquifère souterrain. Il en résultera donc que les Garruby (ou du moins les plus basses d'entre elles), au lieu de couler quelques semaines par an, déverseront pendant plusieurs mois, peut-être même toute l'année.

[1] Je ne crois pas qu'on arrive à trouver les points de fuite des quatre émergences de Sambuc, à moins qu'après avoir mis à découvert la grande artère, on ne réussisse à la remonter assez loin pour cela. D'ailleurs il serait imprudent de les fermer. A la Kleinhäusel-Grotte de Planina (Carniole), on a ainsi remonté le courant bifurqué de la Piuka-Zirknitz pendant 4 kilomètres d'un côté et 3 kilomètres de l'autre. Sous les plateaux de Fontaine-l'Evêque, il existe bien certainement au moins un pareil confluent (Artuby et Verdon), mais rien ne permet de préjuger où ni comment il se réalise. J'en ai trouvé aussi à Marble-Arch (Irlande) en 1895. Si la tranchée que je conseille à Sorps tombe sur une conduite libre accessible à l'homme, les plus curieuses surprises sont à prévoir.

On perdra d'abord cet appoint notable qui atteint parfois 2 mètres cubes pour toutes les sources réunies. Mais rien ne dit d'ailleurs qu'il ne sera pas récupérable, une fois les effets du serrement bien connus, en établissant avec beaucoup de circonspection de petits serrements secondaires aux plus basses des Garruby.

En réalité, on possédera, aux Garruby, à la fois une vraie soupape de sûreté et un indicateur de contenance des réserves souterraines qui sera fort utile à consulter. La soupape aura pour effet d'atténuer la prolongation de charge, qu'on imposera aux vides souterrains; ceux situés au-dessus du niveau des Garruby verront leur surface piézométrique relevée pendant plusieurs semaines ou plusieurs mois; mais il est certain qu'ils sauront résister à ce supplément de service, auquel ils ont été longuement soumis jadis, aux époques des plus grandes abondances des pluies et de plus fort débit des émergences. Et en définitive tout ce que le serrement devra provoquer, ce sera l'immersion *continue au lieu de temporaire* des parties inférieures et moyennes du réseau, c'est-à-dire des aqueducs situés entre Garruby et Fontaine-l'Évêque, — et aussi l'immersion de la partie intermédiaire entre ces basses galeries (désormais inondées de façon pérenne) et les tuyaux inférieurs de descente qui ne forment gouttières qu'après les pluies; ainsi on ne fera que noyer de façon permanente ceux des canaux qui, actuellement, se trouvent exondés en temps d'étiage. Rien ne me paraît à craindre, par ce retour à un régime, qui, je le répète, a certainement existé jadis. Mais à la condition absolue et sur laquelle je ne saurais trop insister, de laisser les Garruby complètement libres, contrairement au projet conçu.

Il ne faut pas boucher les Garruby supérieurs qui sont des soupapes de sûreté. — Dans son rapport de 1896, M. Périer proposait de «fermer *plus ou moins complètement* les décharges de Garruby, de retarder l'écoulement trop rapide du trop-plein, et de relever par suite le débit de bas étiage de la masse inférieure qui est Fontaine-l'Évêque.»

J'estime que *ceci serait tout à fait imprudent*, si ce n'est, peut-être, pour les Garruby inférieurs. Il est établi, en effet, que l'émergence principale de Sorps sait résister, lors de ses plus gros débits, aux pressions de une à trois et demie atmosphères au moins que révèlent les dégorgements des Garruby, ainsi qu'aux suppléments de charge qui se produisent plus haut encore pendant ces dégorgements. Mais, si l'on ferme ces véritables bondes, on ne peut prévoir jusqu'à quel degré l'excès de charge s'élèvera dans le réseau des canaux et cheminées, jusqu'à quelle quantité d'atmosphères la pression hydrostatique s'accroîtra. Qui sait si, après de très grandes précipitations atmosphériques, la surélévation du niveau piézométrique n'atteindra pas jusqu'au fond même des abîmes et si, alors, de préjudiciables modifications intérieures (éboulements, approfondissements, élargissements, entraînements, obstructions, etc.) ne surviendraient pas dans la disposition et le fonctionnement du réseau. Tandis qu'en laissant les Garruby ouverts on amènera le *soulagement de charge* et on contre-balancera les effets de la *prolongation de contenance*, de telle manière que *c'est justement la présence des Garruby, véritables soupapes de sureté, je le répète, qui permet de conseiller sans imprudence de serrer Fontaine-l'Évêque*; si ces trop-pleins n'avaient pas *existé, j'eusse beaucoup hésité à conclure en ce sens.*

Si l'on ferme les Garruby supérieurs, il s'en ouvrira d'autres. — En pratique d'ailleurs, l'aveuglement des Garruby se révélerait sans doute tout à fait irréalisable. J'ai dit qu'ils s'étaient ouverts à l'extrémité très disloquée d'un anticlinal; le bouleversement et la fissuration des roches sont ici extrêmes (24, 27 à 30). Et le grand nombre des issues en ce point achève de prouver que, si on obstrue celles qu'on connaît, il ne manquera pas de s'en ouvrir d'autres plus ou moins vite; les crevasses multiples sont toutes préparées pour faire d'autres bondes.

La prudence exige impérieusement que l'on se contente de maintenir, toute l'année si c'est possible (et ceci l'expérience seule le dira), la surcharge de 10 à 35 mètres de haut dans la zone qui sépare les niveaux de Fontaine-l'Évêque de ceux de Garruby; si l'on prévoit une moyenne de relèvement dans cette zone, de 22 mètres environ[1] et si l'on réussit à l'obtenir constante[2], on produira à Sorps une pression permanente de deux atmosphères. Or, il est établi que dans les serrements des mines on sait arriver à de fortes résistances autrement considérables; et il n'est pas moins sûr que, lors des crues, *Fontaine-l'Évêque a l'habitude de bien plus fortes charges temporaires*, et que la perpétuité de celle des vingt-deux mètres ne saurait y apporter aucune perturbation. D'autre part, dans cette zone de 22 mètres de hauteur, les canaux existants, qu'il s'agit de noyer toute l'année, doivent être assez nombreux et assez développés dans le delta dont Garruby, Sambuc et Sorps nous affirment l'existence, pour constituer le réservoir (non pas unique ni profond), mais ramifié entre 432 et 410 mètres qui, même après épuisement des réserves de crues supérieures au niveau de Garruby, sera capable de fournir à Sorps, pendant un certain temps, un supplément de débit à l'étiage actuel moyen de 4 mètres cubes.

Les Garruby sont aussi des repères de contenance intérieure du réseau. — J'ai dit, en outre, que les Garruby demeurés ouverts forment un utile indicateur de la contenance interne au-dessus d'eux, une sorte de repère comme les flotteurs à contrepoids des réservoirs artificiels. En effet, selon leur force d'écoulement, on préjugera l'abondance de la haute réserve interne, et dès qu'ils commenceront à fléchir, on saura que cette réserve touche à sa fin. Si bien que le robinet de jauge à établir au serrement de Fontaine-l'Évêque pourra être manœuvré en proportion inverse du débit des Garruby; ouvert en plein quand ceux-ci couleront très abondamment, de façon à contribuer au soulagement des excès de charges supérieures, resserré au contraire, dès que Garruby paraîtra baisser, de façon à assurer l'entretien de la réserve inférieure. On voit donc qu'il y a double raison de ne pas toucher aux Garruby, sauf peut-être aux plus basses, quand l'expérience permettra de le tenter.

En résumé, le serrement de Fontaine-l'Évêque semble extrêmement praticable.

On peut espérer une régularisation à 7-9 mètres cubes sec. — Sans doute ne réussira-t-on pas rigoureusement à obtenir le constant et régulier débit de 8 mètres cubes, mais il semble bien qu'on puisse tout au moins parvenir à pousser l'étiage à 6 ou 7 mètres cubes et à réduire les crues à 10 ou 11, pour osciller à peu près autour d'une moyenne de 7 à 9 mètres cubes. On ne connaîtra les chiffres qu'après les travaux et

[1] On peut admettre cette moyenne de 22 mètres, parce qu'elle correspond à peu près à la hauteur des Garruby nos 25 et 35, les deux plus importants de tous (432 m. 96 et 430 m. 84 au-dessus de Sorps).

[2] Ce qui comporte l'écoulement pérenne de tous les Garruby plus bas placés que 432 m. 10.

avec le temps; il faudra certes leur concéder toujours un certain jeu, dépendant du caprice des précipitations atmosphériques d'une année sur l'autre. Mais les dispositions actuelles des lieux sont en somme très particulièrement favorables à la réalisation du projet. *C'est le seul que je croie susceptible de donner des résultats.*

La figure ci-après (fig. 46) et ses légendes explicatives résument graphiquement tout ce qui précède.

Il en résulte qu'*a priori*, et, comme dans tous les terrains calcaires, on devrait, *en théorie absolue*, suspecter la pureté hygiénique des eaux de Fontaine-l'Évêque; en effet, la fissuration extrême de son bassin alimentaire, les avens absorbants et les pertes de rivières reconnues à sa surface ou à sa périphérie; enfin les troubles qui sont parfois constatés à l'émergence établissent péremptoirement que la circulation souterraine de ses eaux ne s'effectue pas, *en principe*, à travers des terrains véritablement filtrants comme les sables. Mais, *en pratique*, on se montrerait d'une rigueur *véritablement absurde* si l'on évoquait ces trois raisons pour conclure à la non-utilisation alimentaire de Fontaine-l'Evêque. Car deux considérations péremptoires militent au contraire pour un avis favorable, ce sont :

1° La législation sanitaire actuelle;

2° Les conditions spéciales et locales, topographiques et géologiques, qui atténuent matériellement les risques de contamination de Fontaine-l'Evêque, à un degré rarement atteint par les sources résurgentes des pays calcaires.

1° *Législation sanitaire.* — Depuis le 19 février 1903, date où est devenue exécutoire la loi du 15 février 1902 sur la protection de la santé publique, il est désormais loisible d'utiliser certaines eaux (notamment les résurgences des terrains calcaires), dont l'emploi, antérieurement à cette date, n'eût pas toujours été sans risques : on sait, en effet, que la surveillance médicale de la santé publique, imaginée par M. Duclaux, et toutes les précautions nécessaires pour l'assurer, sont prescrites par les articles 1 à 11 de cette loi (déclarations de maladies transmissibles, désinfection obligatoire, périmètre de protection des sources et puits, etc.) que le contrôle du préfet et du Conseil supérieur d'hygiène public en surveille l'exécution (art. 19 à 25), et que l'abandon ou le jet de cadavres d'animaux et de toutes ordures dans les failles, gouffres, bétoires, est soumis à des pénalités sévères (art. 28). Pour prévenir les causes accidentelles de pollution qui étaient jadis si dangereuses pour les eaux souterraines des terrains fissurés, il suffit donc d'appliquer la loi, qui arme fortement toutes les autorités municipales ou même plus hautes, et de bien veiller à l'accomplissement de ses excellentes mesures.

2° *Conditions spéciales du bassin.* — Examinons, pour les diverses parties du bassin alimentaire, les éléments spécialement favorables d'atténuation des risques de contamination.

A. *Situation hygiénique des abords de Fontaine-l'Évêque.* — Aux alentours immédiats de Fontaine-l'Évêque, la situation hygiénique est satisfaisante. Certes, les infiltrations de la ferme de Sambuc peuvent compromettre la pureté des émergences n°s 9 à 12. — (Voir le grand plan des sources, extrait du plan cadastral et du dossier qui nous a été communiqué.) Mais il est impossible que ces infiltrations puissent rétrograder jusqu'à

Fontaine-l'Évêque; le pendage des strates calcaires étant en sens inverse de cette direction, et le drainage étant bien plutôt sollicité par le Verdon lui-même et le débouché du Vallat.

Entre la Fontaine et Baudinard, les croupes et ravines sont inhabitées et très boisées. Seules, deux petites Bastides, celle du Cavalet et une autre, qui n'est pas marquée sur la carte au 1/80,000, à environ 400 mètres Sud-Est de la Fontaine, devront être médicalement surveillées conformément à la loi.

B. *Village de Baudinard* (altit. moyenne, 605 mètres). — Cette agglomération me paraît devoir être mise tout à fait hors de cause, en raison de sa position sur le terrain tertiaire, les poudingues favorisant bien le ruissellement externe, par quantité de ravinements qui descendent au Verdon d'aval et tournent le dos à Fontaine-l'Évêque.

C. *Village de Bauduen et bastides du plan de Majastre.* — Ici, au contraire, certaines réserves, au premier abord, paraissent s'imposer, eu égard surtout à la faible distance (2 kilom.) qui sépare Bauduen de la Fontaine.

En effet, par une intuition économique toute naturelle, et que la carte géologique fait nettement ressortir, la plus grande partie de ces fermes, et aussi le village de Bauduen presque tout entier[1], sont bâtis à la lisière de deux terrains, l'argilo-sableux éocène et le calcaire jurassique ; on a eu soin de réserver toute la surface (restreinte en somme), du premier à l'agriculture, et de placer les maisons sur le calcaire, non seulement parce qu'il était inculte, mais aussi parce que son sous-sol fissuré a été trouvé commode pour l'évacuation des eaux.

Donc, les infiltrations de Bauduen et des bastides de Majastre s'y perdent : mais il est bien probable qu'en profondeur toutes les fissures de cette région sont exceptionnellement colmatées par les sables argileux qui y ont été certainement entraînés jadis, lors des dénudations érosives qui les ont fait disparaître de presque toute la surface ; par conséquent, le fond de ces fissures doit être filtrant et, comme il y a au moins 75 mètres de différence de niveau jusqu'à l'émergence de la Fontaine, l'épuration souterraine a toutes chances d'être complète. Ajoutons que, par suite de l'imperméabilité du thalweg du Vallat (assurée par la formation argilo-sableuse qui le remplit encore), les pollutions superficielles entraînées par les orages et les grandes pluies, *ruissellent au dehors*, et même très violemment, jusqu'au Verdon, au lieu de pénétrer brusquement dans le sous sol. Par conséquent, il me semblerait excessif de ne pas regarder comme matériellement réduites au minimum toutes les chances de contamination de ce côté.

D. *Avens et bastides des plans de Canjuers.* — Les avens de Canjuers sont, on vient de le voir, défendus par la loi elle-même : pour plus de sûreté on pourra même boucher ou voûter (afin que rien n'y soit précipité), ceux dont l'orifice n'est pas trop grand, ou entourer d'une clôture ceux qui, comme le gros Aven, sont trop largement ouverts. Quant aux bastides, elles sont si clairsemées (deux douzaines), occupées par une si faible population (peut-être moins de 200 habitants pour tous les plateaux), et si éloignées de la Fontaine (16 à 20 kilomètres) que, matériellement, on ne saurait

[1] La carte géologique l'a placé encore sur la formation tertiaire : mais la situation réelle est en plein calcaire. La lisière est sous la route (rue principale du village) et non pas à l'église, au sommet du bourg.

raisonnablement en faire état, quant à la pollution éventuelle de l'émergence; sous réserve bien entendu, et comme partout ailleurs, de la surveillance médicale à exercer, la vigilance des maires et des préfets constituant ici notre plus efficace garantie. Il en est de même des plateaux de Breis et Saint-Maymès, entre l'Artuby, le Verdon, le Jabron et Comps : M. Zürcher y a marqué sur la carte un abîme (obstrué d'ailleurs), au S. E. d'Estelle; les absorptions de ce plateau peuvent parfaitement être drainées par le réseau souterrain de Fontaine-l'Évêque; mais les bastides y sont encore plus rares et la majeure partie de la surface est boisée, par conséquent naturellement protégée.

E. *Pertes de l'Artuby, du Verdon et du Jabron.* — Quant aux pertes des trois rivières, — à supposer même qu'elles soient, en temps de crues, beaucoup plus abondantes que nous ne les avons trouvées, — elles se produisent en deux points extrêmement éloignés de toute agglomération importante : Comps n'est pas sur le bord de l'Artuby, mais environ 100 mètres plus haut, et à 5 kilomètres en amont des pertes; le point où se perd le Verdon est à 15 kilomètres en aval de Castellane, et les rives du torrent sont inhabitées. Il est certain que, pour ces pertes, il est permis de se fier entièrement au phénomène si précieux de l'auto-épuration des eaux courantes, ainsi qu'à la surveillance médicale de Comps et Castellane.

F. *Absence d'ateliers et manufactures.* — Une très fâcheuse disposition de la loi du 15 février 1902 est celle qui la rend inapplicable aux ateliers et manufactures (art. 32) J'ai exposé ailleurs (compte rendu A. F. A. S., session de Cherbourg, 1905), comment cette exception, — absolument périlleuse et inacceptable, — permet à de dangereuses industries de contaminer, dans toute une contrée, et l'atmosphère et les eaux souterraines; elle les rend libres en effet, de laisser une épidémie éclore et se propager dans un centre ouvrier, ainsi que de polluer des puits et même des sources éloignées par l'usage de puisards absorbants, naturels ou artificiels. Je ne puis comprendre qu'un tel article ait été adopté; dans bien des régions, il fera de la loi lettre morte. Heureusement, ce n'est point le cas pour Fontaine-l'Évêque, dont le bassin alimentaire, en réalité si peu habité, ne possède aucune usine, ni industrie préjudiciable en quoi que ce soit à la pureté des eaux souterraines.

Par conséquent, la loi de 1902 lui est parfaitement applicable, et sous réserve qu'elle le soit consciencieusement, il n'y a plus, grâce à elle, de raisons véritablement de nature à priver la consommation publique d'une ressource d'eau aussi abondante, aussi fraîche et aussi précieuse que la puissante Fontaine-l'Evêque.

Toute conclusion opposée constituerait, à mon avis, une véritable vexation publique.

Voilà ce qui concerne les risques de contaminations éloignées.

Quant aux contaminations rapprochées et au périmètre de protection prévu par l'article 10 de la loi du 15 février 1902, ce périmètre paraît suffisamment assuré (sous réserve de l'examen de sa forme, que je n'ai pu effectuer, n'en ayant vu ni le plan ni les limites), par l'acquisition des 42 hectares (ou carré de 650 mètres de côté), autour de la Fontaine qui, selon le rapport pour 1898 de l'ingénieur en chef au Conseil général du Var, aurait été faite moyennant 70,000 francs.

Ici encore, c'est l'application de la loi qui nous couvre de façon satisfaisante.

Et en résumé, il y a lieu de considérer les eaux de Fontaine-l'Évêque d'abord

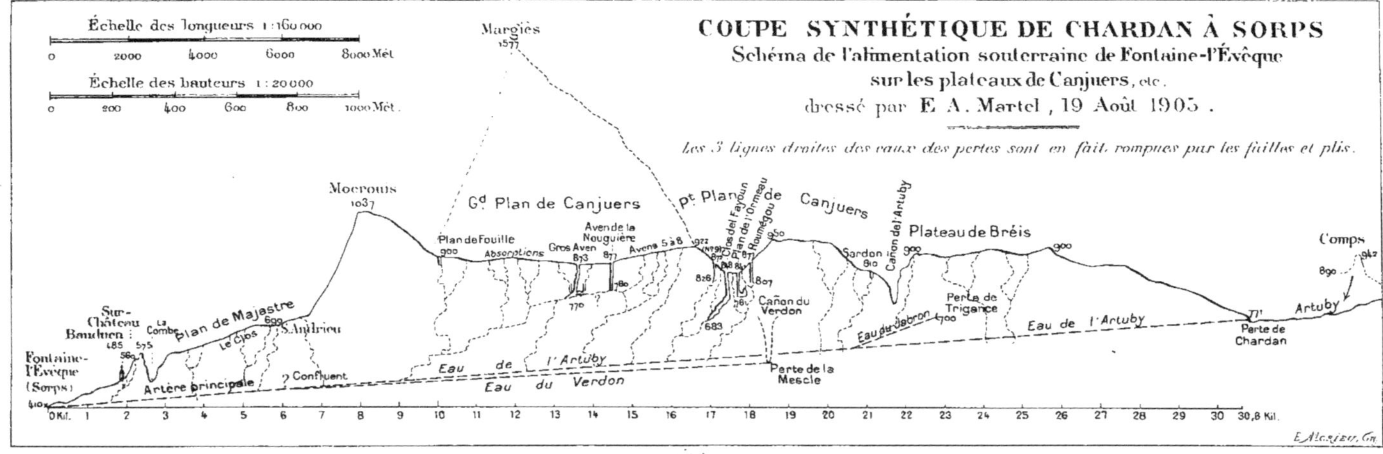

Fig. 46. — Alimentation de Fontaine-l'Évêque.

comme très supérieures en qualité aux eaux dont sont actuellement pourvues les villes de Toulon et de Marseille, et ensuite comme meilleures que la plupart des émergences des terrains calcaires plus habités et moins bien protégés par diverses circonstances naturelles. Les mesures de surveillance qui constituent nos seules réserves sont maintenant d'ordre général et public, et légalement applicables à toutes les eaux potables quels que soient leurs terrains d'origine.

Et pour terminer par des conclusions d'ensemble synthétisant et sanctionnant les résultats de notre enquête, nous énumérerons comme il suit les travaux à faire ou les mesures à prendre pour la solution du problème de Fontaine-l'Évêque.

I. Fontaine-l'Évêque.

Exécuter un *serrement* à l'émergence de Fontaine-l'Évêque pour relever le niveau général des eaux dans tout le réseau souterrain.

Pour cela, il faudra, au préalable, rencontrer l'artère souterraine principale qui devra être l'objet des travaux. On la recherchera par une tranchée, en amont de l'émergence, le long même de la route de voitures.

A titre d'essais préliminaires, on devra :

1° Agrandir la fissure descendante du Garruby n° 35, pour tenter d'y trouver (comme à Salles-la-Source), un accès vers le réseau souterrain; si l'on y parvient, on pourra y récolter d'utiles indications ou de précieux moyens pour faciliter la régularisation recherchée;

2° Maintenir libres les orifices des trop-pleins de Garruby (contrairement à ce qui a été proposé), et sauf à serrer ultérieurement les plus bas si les circonstances le permettent, parce qu'ils forment : 1° soupapes de sureté contre les excès *de charge souterraine;* 2° indicateur-repère du niveau et de la pression des eaux dans le réseau.

II. Les abîmes et l'hygiène.

Il y aura lieu d'acheter les Garruby pour qu'aucune entreprise privée ne les modifie.

On ne cherchera pas, contrairement à ce qui pourrait être suggéré, à agrandir le fond des avens reconnus, parce que leurs rétrécissements sont autant de causes de retard dans la vidange des eaux qu'ils peuvent contenir après les pluies, et qu'en cet état ils ne contribueront que mieux à la régularisation d'ensemble que l'on veut obtenir.

On bouchera ou clôturera les avens reconnus et on recherchera tous les autres abîmes pour éviter qu'on y jette les bêtes mortes et ordures quelconques.

III. Observations scientifiques diverses sur l'origine des eaux.

Il y a lieu d'instituer, comme pour Vaucluse, des observations thermométriques suivies (pour l'air et pour l'eau) à Fontaine-l'Évêque, afin d'étudier les variations saisonnières présumées, qui donneront d'utiles indications sur le vrai régime de l'émergence.

Étudier minéralogiquement, et aux divers états des débits, les sables et graviers entraînés par Fontaine-l'Évêque pour connaître exactement les provenances de ses eaux;

enfin, on devra jauger le Verdon à l'entrée et avant la sortie du grand cañon pour *essayer* d'évaluer l'importance de ses pertes.

Jauger également Fontaine-l'Évêque par des procédés continus et enregistreurs.

Et établir des pluviomètres sur les plateaux pour essayer d'évaluer la mesure dans laquelle ils constituent, par infiltrations, l'alimentation de Fontaine-l'Évêque.

BASSIN ALIMENTAIRE DE FONTAINE-L'ÉVÊQUE. — AVENS DE CANJUERS. — GRAND CANON DU VERDON

Extrait et réduction (au 100.000e) de la carte de France au 80.000e

(Carte établie au moyen de la minute fournie par le Service géographique de l'Armée).

TABLE DES MATIÈRES.

Imprimerie nationale. — Décembre 1907.

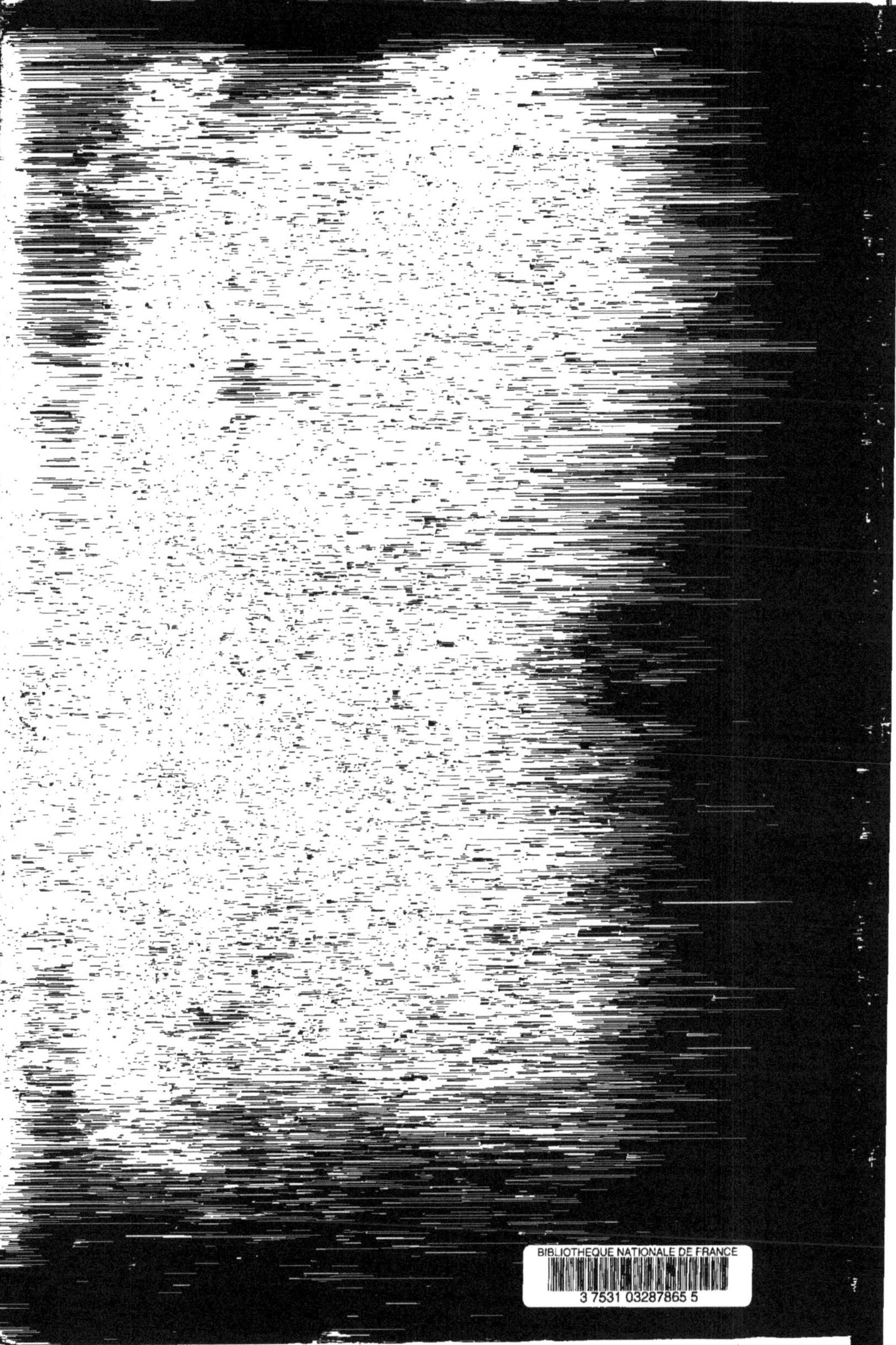

www.ingramcontent.com/pod-product-compliance
Ingram Content Group UK Ltd.
Pitfield, Milton Keynes, MK11 3LW, UK
UKHW021223230726
13926UKWH00003B/1199